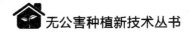
无公害种植新技术丛书

茄果类蔬菜无公害栽培技术

QIEGUOLEI SHUCAI WUGONGHAI ZAIPEI JISHU

主编：彭友林

编者：覃事玉　彭永胜　王朝晖

　　　彭友林　李　密

U0200867

湖南科学技术出版社
Hunan Science & Technology Press

图书在版编目(CIP)数据

茄果类蔬菜无公害栽培技术/彭友林主编.—长沙：
湖南科学技术出版社,2009.8
(无公害种植新技术丛书)
ISBN 978-7-5357-5862-0

Ⅰ.茄… Ⅱ.彭… Ⅲ.茄果蔬菜—蔬菜园艺—无污
染技术 Ⅳ.S641

中国版本图书馆 CIP 数据核字(2009)第 152955 号

无公害种植新技术丛书

茄果类蔬菜无公害栽培技术

主　　编:彭友林
责任编辑:彭少富　欧阳建文
出版发行:湖南科学技术出版社
社　　址:长沙市湘雅路 276 号
　　　　　http://www.hnstp.com
邮购联系:本社直销科 0731 -84375808
印　　刷:唐山新苑印务有限公司
　　　　　(印装质量问题请直接与本厂联系)
厂　　址:河北省玉田县亮甲店镇杨五侯庄村东 102 国道北侧
邮　　编:064101
出版日期:2017 年 10 月第 1 版第 2 次
开　　本:787mm×1092mm　1/32
印　　张:4
字　　数:86000
书　　号:ISBN 978-7-5357-5862-0
定　　价:16.00 元

前　　言

　　随着人们生活水平的提高，市场的多元化，绿色消费已成为时尚，人们对多品种、高档的无公害蔬菜产品的需求愈来愈迫切，这就要求有更高更新的无公害蔬菜栽培技术。

　　为提高广大菜农的种菜水平，提高蔬菜产品质量和安全水平，确保人们消费安全，我们参考了近几年来国内外有关无公害蔬菜栽培技术资料和研究成果，在总结多年来从事无公害蔬菜新品种的选育、高产规范化栽培等研究经验的基础上，组织编写了《茄果类蔬菜无公害栽培技术》一书。本书本着普及与提高相结合的原则，从蔬菜的植物学特征特性、优良品种选择、无公害栽培操作规程、病虫害防治以及采收与加工等方面进行了认真选材和编写，较系统、全面地介绍了茄果类蔬菜无公害栽培技术，并介绍了无公害蔬菜病虫害防治的用药和施肥技术规范以及肥料与农药混合施用技术，具有通俗易懂、实用性较强等特点。

　　《茄果类蔬菜无公害栽培技术》的编写和审稿工作得到了湖南文理学院、常德市科学技术协会、湖南凯利种苗科技有限公司等单位的大力支持，同时也得到了同行的热情帮助，在此一并表示诚挚的谢意。

　　由于编写人员水平有限，加之时间仓促，书中疏漏之处在所难免，在此深表歉意，并恳请广大读者批评指正，以便我们及时修订。

彭友林

2009 年 4 月

目　　录

第一章 茄 子

茄子（*Solanium melongena*）属茄科植物，原产于印度等地，早在 4～5 世纪就传入我国，至今已有 1000 多年的栽培历史。茄子在我国各地普遍栽培，面积较大。尤其在广大农村，茄子的栽培面积远比番茄大，是我国各地夏秋的主要蔬菜之一。茄子供应期长而且产量又高，在长江流域从 5～6 月始收，一直可以采收到 7～9 月，在较大程度上能起到渡淡的作用。茄子果形多种，有长形、圆形和卵圆形等。东北、华南、华东和华中地区以栽培长形茄为主，华北、西北地区以栽培圆形茄为主。茄子以浆果供食，其营养丰富，富含人体所需的蛋白质、维生素、粗纤维和无机盐等，尤其是维生素 P 居果蔬类含量之首。维生素 P 具有增加毛细血管弹性和细胞间黏力的作用，能防止微血管破裂。多食用茄子，可以降低血液中的胆固醇，预防动脉硬化，保护肝脏，增强人体抗病能力。

第一节 形态特征及特性

一、茄子形态特征

1. 根

根系发达，成株根系深入土中 1.3～1.6m，横向伸展1.2m 左右。主要根群分布在 30cm 土层内。因茄子根系木质化比较早，再生能力差，不适于多次移植。

2. 茎

茎圆形、直立、粗壮，分枝多而有规则，分枝习性为假二叉分枝，但分枝生长速度比番茄慢。

3. 叶

单叶，互生，有卵圆形与长椭圆形之分，深绿或紫色。

4. 花

两性花，自花授粉，花白色或紫色。根据雌蕊花柱长短不同，分为长柱花、中柱花和短柱花，前两种花有结果能力。

5. 果实

浆果，以嫩果食用，圆形、长棒形或卵圆形等形状。果色有紫色、白色和青色等，以紫红和黑色居多。幼果常带涩味，煮熟后消失。按结果的先后顺序，分别有门茄、对茄、四母斗、八面风和满天星5种果实。

6. 种子

种子发育较晚，一般在果实接近成熟时种子才迅速发育和成熟。种子较小，扁平，肾脏形，光滑坚硬，黄色或紫褐色，有光泽。千粒重4～5g。种子有休眠期。种子寿命为2～3年。

二、茄子特性

（一）茄子生长发育过程

茄子生长发育过程主要包括发芽期、幼苗期、开花结果期3个时期。

1. 发芽期

从种子吸水膨胀到第1片真叶显露为发芽期，大约需10～15天。

2. 幼苗期

从第1片真叶显露到现蕾为幼苗期，需50～60天。

3. 开花结果期

茄子现蕾便进入开花结果期，在适宜条件下，果实生长20～25天便达到商品成熟。

（二）茄子对环境的要求

1. 温度

茄子起源于热带，不耐寒冷，喜温怕霜。生长发育期间需要较高的温度，适宜温度22℃～23℃，白天最好在25℃～28℃，夜间在16℃～20℃。低温会引起冷害或冻害。

苗期要求适温，白天27℃～28℃，夜晚18℃～20℃。开花期对温度要求严格，开花前7～15天遇到15℃以下低温或30℃以上高温则不能正常结果，其开花结果最适温度为25℃。

2. 光照

茄子喜光，对日照时间长短的要求虽然不严格，但最好有12～15小时日照。对光照强度要求为中等程度，光饱和点为4万勒克斯，光补偿点为2万勒克斯。光照充足，果皮有光泽并且颜色鲜艳。苗期光照不足，花期会延迟，影响正常结果。

3. 水分

茄子对水分的要求在不同阶段各有不同。发芽期要求水分充足。幼苗期要求床土湿润，空气较干燥。开花结果初期应适当控水，结果后期需水量增加，应保证水分充足。水分不足，植株生长缓慢，结果少，品质差；但土壤水分又不宜过多，如果排水不良容易烂根，尤其在高温高湿条件下极易发生病害。

4. 养分

茄子喜肥耐肥，对氮、磷、钾需求量大，以钾最多，氮次之。茄子栽培宜选择排水良好、土层深厚、富含有机质、保水保肥能力强的土壤。pH值为6～7.5。

（三）茄子生长发育特性

1. 花芽分化

茄子一般在幼苗期花芽就开始分化。当生长点隆起，顶端趋向平坦，然后由这个圆锥突起，形成花芽。影响花芽分化的因素，包括温度、光照及肥料。具有一定的昼夜温差，较强的光照，营养充足，幼苗生长旺盛，叶片开展度大，是促进花芽分化的有利条件。当昼温为 25℃～30℃，夜温为 20℃～25℃时，花芽分化较早，成熟也较早。但在 10℃ 以下时，生长不良。光照条件也影响花芽分化，每天光照在 12 小时以上的比在 8 小时以下的分化较早。此外，肥料的用量对茄子的花芽分化也有很大的影响。增加了氮、磷、钾的用量后的花芽分化数，比少施或只施磷或氮肥的花芽分化数目大为增加。

2. 开花习性

茄子的开花结果习性是相当有规则的。一般的早熟品种，在主茎生长 6～8 片叶以后，即着生第 1 朵花。中熟或晚熟种，要生出 8～9 片叶以后，才着生第一朵花。第一朵花所结的果实叫门（根）茄。主茎或侧枝上着生 2～3 片叶以后，又分别开花，主茎及侧枝上各开 1 朵花及结 1 个果实，叫做门茄（亦称对茄，或二梁子）。其后，又以同样的方式开花结果，称四母茄（或称四门斗）。以后又分出 8 个枝条结果，称为八面风。所以从下至上的开花数目的增加为几何级数的增加。但再上去的开花数及结果数比较不规则，通称为满天星。

花的发育与植株的营养状态有密切的关系。如果植株生长强健，枝叶繁茂，分枝多而茎粗壮，叶色浓绿而带紫色，叶大而肉厚，表示生长良好，花的各器官的发育也良好，花梗粗花柱长。如果植株生长不良，枝叶纤细，花小，色淡，花梗小而花柱短。短花柱花的出现是肥料不足、干燥、日照不足的一种表征。植株的营养状态，可由枝条上的花的着生位置、花的

大小及花的构造等来判断。健全的花多开于枝条的先端以下
15～20cm 的地方。在开花的位置以上，有 4～5 片开展叶。这
种花形状大，花柱长，是结果的好花。至于那些距离枝条先端
只有 5～10cm 处的花，花的上面只有 1～2 片开展叶。这种花
形状小，往往是短花柱花，容易脱落。

3. 结果特性

早熟品种从开花到结果即食用上的成熟期，一般需要 20
～30 天，有些品种只需 16～18 天。而到生物学上的成熟则要
50～65 天。果实幼嫩时含有茄碱，使果实带有涩味，经煮熟
以后可以消除。

在茄子果实发育过程中，果肉先发育，种子后发育，果实
将近成熟时，种子才迅速地生长及成熟。但是采收将近成熟的
果实后，其中尚未成熟的种子，在采收以后仍然会增大，果肉
的有机营养将运转到种子中去。所以，果实在采收后放置几
天，使其种子充分成熟，能提高种子的质量。优良品种的果肉
初期生长得较快，而成熟慢，种子的发育也慢，所以其采收期
较长。

茄子结果期间的生长适温为 25℃～30℃，比番茄的适温
高些。如果在 17℃ 以下，生长缓慢，花芽分化延迟，花粉管
的伸长也大受影响。10℃ 以下，引起新陈代谢失调，5℃ 就会
受冻害。但当温度高于 35℃ 时，茄子花器发育不良，尤其在
高夜温的条件下，呼吸旺盛，碳水化合物的消耗大，果实生长
缓慢，甚至成为僵果。

茄子对于光周期的反应是不敏感的。但在弱光照下，光合
产物少，生长细弱，而且受精能力低，容易落花。

土壤肥力的高低也影响到茄子的开花与结实。生长结果期
间要多次追肥，才能保持持久的开花结果，保证产量的提高。

在肥沃的土壤里，花芽分化期比在瘠薄的土壤里大为提早，开花期及始收期也提早。虽然茄子对肥料的吸收以钾最多，氮次之，磷最少，但生产上采收的是嫩果，氮的多少对于产量的影响特别大。

茄子果实生长与空气中二氧化碳的含量有关。增加空气中的二氧化碳的浓度，可增加光合作用强度。当二氧化碳浓度增加到 900～1500 mg/L，其开花数、结实数及果实的重量会增加将近 1 倍。

第二节　分类及品种

一、茄子分类

我国幅员辽阔，茄子种质资源丰富，各地消费习惯不同，在生产中品种非常多。茄子的分类可以依据果实及植株的形态进行，也可以依据成熟的早晚来分，而这些性状又都是相互关联的。例如果实大而圆的品种，多属晚熟种；果实小而植株矮小的品种，多属早熟种。当然也有圆形的早熟种及长形的晚熟种。早熟种始花节位 5～6 节，而晚熟种始花节位 11～13 节。目前多按照果实形状分类，主要分为圆茄类、长茄类、卵茄类3 种。

1. 圆茄类

植株高大，叶宽而厚，果实为圆球形、扁圆球形，或短圆球形，多为晚熟种。如北京的 5 叶茄、6 叶茄、西安圆茄。

2. 长茄类

大都为早熟到中熟，植株中等，叶较小而狭长，果实长棒状，肉质柔软，为南方的主要类型。如湘茄 1 号、黑衣天使特早茄、渝研 1 号。

3. 卵茄类（矮茄类）

多属早熟种。植株较矮，叶亦较小而薄，果实为卵形至长卵形（如电灯泡茄），种子多而质坚硬。如湘早茄、常德荷包茄、油罐茄。

二、适合长江流域以南栽培的主要品种

长江流域的消费习惯以长茄为主，辅以卵圆茄、圆茄。适合长江流域以南栽培的茄子优良品种主要有湘早茄、湘茄 1 号、湘杂 2 号、黑衣天使特早茄、早生、长龙、秋茄 9149 等。

1. 湘早茄

湖南省农业科学院园艺研究所育成的一代杂种。1987 年通过湖南省农作物品种审定委员会认定。株高约 85cm，开展度 53cm，株型较紧凑。第一果着生于主茎 6～8 叶节上方。果实长卵圆形，外皮紫黑色。果肉白绿色，肉质疏松，品质中等，单果重 200g 左右。极早熟，早期坐果率高。适于春季露地早熟栽培，也可作越夏栽培，每 667m² 产 4000～5000kg。

2. 湘茄 1 号

湖南省常德市武陵区蔬菜研究所于 1994 年育成的杂交新品种。该品种极早熟，适合早春保护地栽培，长棒形，紫红色，品质优，单果重 150～200g，产量高，是目前湖南省优良的早熟品种之一。

3. 黑衣天使特早茄

特早熟，抗性强，果皮紫黑发亮，果肉松软质细，皮薄籽少，前期结果集中，产量高，优势明显，果长可达 35cm，横径约 5cm。

4. 湘杂 2 号

湖南省蔬菜研究所选育。半直立，株型紧凑，适合早熟密植栽培。耐寒、耐涝性强。始花节位 8～9 节。果实长条形，果皮紫红色，果肉白色，光泽好。果长 23cm，横径 4cm，单果重 150g。单产 2500～3000kg。

5. 长龙

日本川东种苗株式会社出品。极早熟，半开张，分枝力强。果实长棒形，长 23～45cm，果肉柔软，品质极佳。丰产性强。

6. 黑太郎 F_1

早熟杂交种。株型紧凑，高 90cm 左右，长势、连续坐果力强，果实长棒形，长 30～40cm，横径 6cm 左右。单果重 400g 左右，皮紫黑光亮，肉质细嫩，商品性特好（比原万吨早茄早上市 15 天左右）。

7. 万吨早茄 F_1

早熟，抗病，长势强，坐果力强。果实紫黑色，光泽度好，果肉酥松、味甘、细嫩、皮薄，单果重可达 400g，产量极高。

8. 秋茄 9149

杂交一代新品种，耐热、耐湿、耐旱性强，适宜于秋季及秋延后栽培。植株生长势强，株高 86cm 左右，开展度 73cm ×8cm，叶色绿色，第 1 花着生节位 12～13 节。果实长棒状，果皮深紫色，果皮纵横径 29cm×4.9cm，平均单果重 250g，商品性好，适应性广。

第三节 无公害茄子质量要求和生产技术要点

一、发展无公害茄子的意义

"宁可三日无肉，不可一日无蔬"，蔬菜作为一种重要的副食品，在人们生活中扮演着十分重要的角色。同时蔬菜又是我国在国际市场中具有竞争优势的农产品。据统计，2005 年，我们蔬菜出口额达 43 亿美元，年出口量达 680 万吨，是世界上蔬菜出口量最大的国家之一。其中出口到日本的占我国年出口量的 1/3。"民以食为天，食以安为先"。农产品尤其是蔬菜质量安全状况直接关系到广大消费者的身体健康及生命安全。

近年来，蔬菜农药残留的群体性中毒事件时有发生。2004年 9 月 6 日，湖南溆浦县江口镇中学食堂发生有机磷中毒事件，中毒人数达 229 人。还有河北张北毒菜进京事件、湖南祁东毒黄花菜事件及河北年毒大蒜事件等暴露了我国农产品尤其是蔬菜质量安全管理中存在的弊端，这就使我国发展无公害蔬菜显得非常重要。这是因为：

1. 发展无公害蔬菜是满足国内市场对安全食品需求的需要

随着综合国力增强，国人对蔬菜的需求已由数量型转化为质量型，对其安全性、营养性、保健性、多样性都提出更高的要求。尤其是近几年来，蔬菜食品安全、卫生已成为大众关注的焦点。为了改善蔬菜产品的安全性，提高内在品质，只有发展无公害蔬菜，进一步向绿色蔬菜、有机蔬菜发展，才能满足国内市场需求，有利于保障国人身体健康。

2. 发展无公害蔬菜是应对国际贸易绿色壁垒的有效途径

入世后，中国与国际间的农产品贸易争端的焦点问题是产品质量问题。近年来，相关绿色壁垒不断升级。如美国、日本和欧盟制定了很严格的感官指标和农药残留管理化指标。德国要求我国的脱水蔬菜必须是非转基因，化学残留物不超标，不含放射性物质。2006 年 5 月 29 日，日本开始实施的食品中残留农药化学品的肯定列表制，对我国蔬菜出口贸易提出了更严峻的挑战。因此，为提升我国蔬菜产品的国际综合竞争力，发展无公害蔬菜显得非常必要。

3. 发展无公害蔬菜能为蔬菜加工业提供合格原材料

茄果类蔬菜作为食品加工原料，用途十分广泛，尤其是辣椒、番茄、马铃薯。辣椒可以加工成剁辣椒、酱辣椒、干椒、辣椒粉，还可以提炼辣椒油等。番茄可以制酱，加工成番茄汁，以及提炼高附加工值的番茄红素等。马铃薯可制成薯片、薯泥、薯粉、薯条。另外，茄子也可以干制，其原料是否达到无公害、卫生、安全的要求，直接关系到加工产品的质量安全。只有选用无公害的原材料，采用科学的加工工艺流程，才能有力地保障蔬菜加工产品的安全。因此，有必要从生产环节严把原材料质量关。

4. 发展无公害蔬菜是促进循环农业建设，构建和谐社会的需要

长期以来，由于农村技术相对落后，农药、化肥等大量投入，造成了我国农村面源污染严重，无论是水，还是土地、大气等都不同程度遭到了污染，对农业环境造成很大影响。同时，由于部分农民农药使用方法不当，施药人员中毒现象时有发生，给农民的健康带来了极大的威胁。另外，高毒、高残留的农药的残留大，毒性大，无论是对环境还是人的健康都是有百害而无一利的。相反，发展无公害蔬菜，在生产中按照无公害生产技术操作，科学安排农业投入品的使用量、使用时间和使用方法，一方面，可以减少农药、化肥的用量，能防止对农村环境的污染；另一方面，又能有效保障广大菜农的健康，保障蔬菜产品的质量安全，有利于促进循环农业建设和构建和谐社会。

总而言之，发展无公害蔬菜在我国意义重大。茄子在我国尤其是在长江流域是人们喜爱的一种蔬菜，因此，发展无公害茄子也是十分必要的。

二、无公害茄子质量要求

对于无公害蔬菜的基本概念，先后出现过许多相似的提法，诸如清洁蔬菜、健康蔬菜、无农药污染蔬菜、天然食品等，至今尚未对无公害蔬菜的概念形成统一的说法。国内通俗的提法是：无公害蔬菜是指产地环境清洁，按特定技术规程生产，农药、重金属、硝酸盐、有害生物（包括有害微生物、寄生虫卵）等多种对人体有害的物质的残留量均在限定范围或阈值以内，通过专门机构监测认定，使用无公害农产品标志的蔬菜产品。即无公害蔬菜需要避免环境污染的伤害，在四个方面达标：农药残留量不超标；硝酸盐含量不超标；"三废"等有害物质不超标；病原微生物等有害微生物不超标。

无公害茄子质量要求包括两个方面：感官要求和卫生标准，具体要求如表1、表2所示。

1. 感官要求

无公害茄子产品感官要求在成熟度、新鲜度、果面清洁度、完好性等方面应符合以下要求：

品种：要求是同一品种，具有本品种固有的特性。

成熟度：果实已充分发育，种子未完全形成。

果形：只允许有轻微的不规则，但不影响果实的外观，无裂果，无机械伤，无灼伤。

新鲜度：果实有光泽，无萎蔫，无僵果。

异味：未腐烂，无异味。

果面清洁：果实表面不附有污物或其他外来物，无冻害，无病虫害。

2. 卫生标准

无公害茄子产品在卫生标准上要求达到无公害茄果类蔬菜国家标准的卫生指标。

三、无公害茄子生产技术要点

（一）无公害茄子生产基地要求

无公害茄子产品质量与产地环境存在非常紧密的关系。其产地环境易遭受污染，各种有毒有害物质就会通过大气、水源和土壤等因素直接附着在植株表面和进入植株体内，影响其生

表1　无公害茄子感官要求

项目	品质	规格	限度
品种	同一品种	规格用整齐度表示。同规格的样品其整齐度应≥90%	每批样品中不符合感官要求的按质量计总不合格率不得超过5%
成熟度	果实已充分发育,种子已形成(番茄、辣椒);果实已充分发育,种子未形成(茄子)		
果形	只允许有轻微的不规则,并不影响果实的外观		
新鲜	果实有光泽,硬实,不萎蔫		
果面清洁	果实表面不附有污物或其他外来物		
腐烂	无		
异味	无		
灼伤	无		

续表

项目	品质	规格	限度
裂果	无（指番茄）		
冻害	无		
病虫害	无		
机械伤	无		

表 2　无公害茄子卫生指标

项目	指标（mg/kg）	项目	指标（mg/kg）
六六六	≤0.2	敌百虫	≤0.1
滴滴滴	≤0.1	辛硫磷	≤0.05
乙酰甲胺磷	≤0.2	喹硫磷	≤0.2
杀螟硫磷	≤0.5	溴氰菊酯	≤0.2
马拉硫磷	不得检出	氰戊菊酯	≤0.2
乐果	≤1	氯氟氰菊酯	≤0.5
敌敌畏	≤0.2	氯菊酯	≤1

长发育，导致产品被污染，最终危害人体健康。无公害蔬菜产地环境条件是影响无公害蔬菜质量的主要因素之一。因此，进行无公害生产，必须合理选建生产基地，才能保证产地的环境质量，即无公害蔬菜生产必须从"源头"抓起。

产地应选择在生态条件良好、交通方便、地势平坦、土壤肥沃、排灌条件良好、远离污染源的地方，并具有可持续生产能力，适合发展循环农业的生产区域。由于环境污染主要是由工业"三废"和城镇等大量排放的污染物质所造成的，因此，离污染源越近的地方受到的影响或威胁越大。所以，在无公害蔬菜产地的选择上，必须考虑远离污染源。影响无公害茄子产

品质量安全性的环境条件主要是空气、灌溉水和土壤。其产地
选择的具体要求是：

1. 产地空气

产地应选择远离城镇、工业区和交通要道的地方。环境的
空气应清新，空气中的总悬浮颗粒物要少，生产基地周围及其
上风口无工业"三废"污染源，具体要求如表3所示。即避离
造成污染的工矿企业以及垃圾场、医院和生活区，且基地距主
干公路40m以外，远离"三废"污染。

表3 无公害茄子环境空气质量指标

项目	浓度限值	
	日平均	1小时平均
总悬浮颗粒物（标准状态）mg/m³≤	0.30	—
二氧化硫（标准状态）mg/m³≤	0.15	0.5
氟化物（标准状态）mg/m³≤	7.00	

注：日平均是指任何1日的平均浓度，1小时平均是指任何1小时的平均浓度

2. 产地灌溉水

产地应选择在地表水及地下水水质清洁、无污染的地区，
如灌溉水源是江、河、湖、水塘，则水域上游没有对该产地构
成威胁的工业污染源。灌溉及清洗用水必须符合标准，不能使
用未经处理的工业废水、生活污水等被污染的水浇灌蔬菜，具
体标准如表4所示。灌溉系统应做到灌排分渠，不能串灌。

3. 产地土壤

以轻壤土或沙壤土为佳，土壤质地疏松，有机质含量高，
酸碱度适中，土壤中元素背景值在正常范围内，无重金属、农
药、化肥、石油类残留物及有害生物等污染，具体要求如表5
所示。不能选择土壤重金属背景值高的地区及与土壤、水源有
关的地方病高发区作为无公害蔬菜生产基地。

为了确保无公害茄子生产，保证产品质量，保护农业生态环境，在选择生产基地前必须确保其符合以上无公害蔬菜生态环境质量标准，才能确定其为无公害茄子生产基地。

表 4　无公害茄子灌溉水质标准（mg/L）

项　目	浓　度　限　值
pH 值	5.5～5.8
化学需氧量	40～150
总汞≤	0.001
总镉≤	0.005
总砷≤	0.05
总铅≤	0.10
铬六价≤	0.10
氰化物≤	0.50
石油类≤	1.00
粪大肠菌群（个/L）≤	40000
采用喷灌方式灌溉的菜地应满足≤40mg/L	

表 5　无公害茄子土壤标准

项　目	含　量　限　值		
	pH 值<6.5	pH 值 6.5～7.5	pH 值>7.5
镉≤	0.30	0.30	0.40
汞≤	0.30	0.50	1.0
砷≤	40	30	25
铅≤	250	300	350

续表

项　目	含　量　限　值		
	pH 值＜6.5	pH 值 6.5～7.5	pH 值＞7.5
铬≤	150	200	250

注：本表所列含量限值适用于阳离子交换量＞5mmol/kg 土壤，若≤5mmol/kg，其标准值为表内数值的半数。

（二）科学用药

1. 必须使用高效、低毒、低残留农药。

2. 蔬菜上施用农药应选择在苗期和生长前期，中后期应控制施用或不施用。施药后，要达到安全间隔期才能采收、销售和食用。

3. 提倡生物防治，保护和利用天敌，减少农药使用量。

（三）合理施肥

1. 无公害茄果类蔬菜栽培应以有机肥为主，氮、磷、钾及微肥合理配合使用，不能单一过量施用氮肥。

2. 蔬菜生长中、后期，要施用无公害蔬菜专用复合肥、有机肥和其他有机或无机多元复合肥，不得偏施氮肥。

3. 粪肥要经腐熟处理后才能使用（一般夏秋季沤制 10 天左右，冬春季沤制 20 天左右）。

4. 大力推广使用微生物肥料、生物有机肥、复合肥、腐殖酸肥等，改良土壤，增加肥力，改善无公害蔬菜生长条件，接近收获阶段不得使用粪肥。

（四）把握关键技术

茄子在生长过程中容易遭受一些病虫危害，如猝倒病、灰霉病、病毒病和青枯病等，在生产中需要采取许多措施来减轻其对产量和品质的影响。其关键技术为：

1. 选用抗病、抗虫优质丰产良种。选择优良品种是生产无公害蔬菜的关键手段之一。根据本地的自然条件，有针对性地引进良种，经过示范推广，保障无公害茄果类蔬菜的生产。

2. 深耕，轮作换茬，调整好温湿度，培育良好的生态环境。通过深耕晒垄、冻土、3～4 年轮作和葱蒜间作等措施，合理调节设施内的温度、湿度，有效地预防病虫害的发生。

3. 推广物理防治方法，如温汤浸种、高温闷棚、熏蒸、嫁接、遮阳网或防虫网覆盖等杀灭、阻隔病菌，增强茄果类蔬菜的抗性。

4. 实行配方施肥。茄果类蔬菜喜肥，应根据不同生育期的特点，按需施用。以有机肥为主，控制氮肥用量，增施磷、钾肥，推广施用无公害蔬菜专用肥和酵素菌等活性菌菌肥。

5. 搞好病虫害预测预报，对症适时适量用药，推广应用微生物农药。无公害农药是指用药量少，防治效果好，对人畜及各种有益微生物毒性小或无毒，在外界环境中易分解，不造成对环境及农产品污染的高效、低毒、低残留农药。如 Bt、烟碱、阿维菌素、生物碱等。在无公害蔬菜生产中，对病虫害应尽量早预防、早治疗，对症下药，尽量选用无公害、微生物农药，按时施药，严格用量，规范间隔期。

6. 搞好植物检疫。严防番茄溃疡病等毁灭性病害传入蔓延。一方面对种苗进行检疫，另一方面，在生长过程中，根据检疫对象适时检疫，确保产品健康、卫生、无公害。

（五）及时进行无公害检测

为保障上市的蔬菜真正无公害，在入市前必须进行检测。只有达到无公害茄果类蔬菜国家标准的，才允许上市即实行准入制。

第四节　无公害栽培技术

　　茄子喜温不耐寒，传统的栽培方式多为春季露地栽培，夏季上市，供应时间短，产量低，经济效益差。随着保护地设施的不断完善和栽培技术水平的提高，茄子生产逐步由单一的露地生产模式发展为露地栽培和多种形式的保护地栽培方式相结合的栽培模式，基本实现了周年生产、周年供应，极大地促进了茄子的生产发展，丰富了城乡居民的菜篮子，也成为广大菜农致富的一条新路子。现主要介绍茄子无公害栽培的 3 种模式，即春提早栽培、春夏露地栽培和秋延后栽培。

一、茄子春提早栽培技术

1. 品种选择

　　选择耐寒、耐弱光、抗病性强、商品性好、高产优质的早熟品种。如湘早茄、湘茄 1 号、湘杂 2 号、长龙、渝研 1 号等。

2. 培育壮苗

　　冷床育苗在 9 月下旬至 10 月上旬播种。播前 5～6 天，将种子放入 55℃左右的热水中浸种，不断搅拌，等水冷后静置浸泡 6～8 分钟。浸种后搓洗数次，将黏液洗净，摊开晾干至种皮表面无明水。用洁净的湿布或布袋包好，继续催芽。当有 70% 种子露白时即可播种。选择晴天上午，将播种畦土浇透底水，最好用喷壶均匀喷洒清水，待水渗透畦面不积水后，把种子掺上湿润细土或干净煤灰，均匀撒播。播种后盖土 1.0～1.5cm 厚，地膜覆盖。这一段时期的适宜气温是 25℃～30℃，土温是 16℃～22℃。经 5～7 天幼苗即可出土。利用电热线加温育苗，播种期可以推迟到元月中下旬。每 $667m^2$ 大田用种量为 50g，需苗床 $67m^2$。

幼苗出土后改为小拱棚，早揭晚盖。适当通风，降低温湿度，并尽量延长见光时间。幼苗期维持气温为 23℃～25℃，苗床宁干勿湿，避免高温多湿，防止高脚苗。幼苗长 1～2 片真叶时，进行第 1 次分苗；3 或 4 片真叶时用 10cm×10cm 营养钵分苗后，放入塑料大棚。第 1 次分苗后温度以 25℃～27℃ 为宜，第 2 次分苗以 25℃ 为标准。夜间温度不低于 15℃。分苗后盖严塑料薄膜，以利增温保温。缓苗后，保持较高的畦温，促进幼苗生长。

定植前 7～10 天揭开棚膜，先敞开大棚门，再逐步揭开裙膜，加大通风量，进行低温炼苗，白天畦温控制在 15℃ 左右，夜间不低于 10℃。定植前 1 天用洒水壶洒水，浇湿营养钵土。

茄子适龄壮苗形态是有 7～8 片真叶，茎粗壮，节间短，叶深绿色，叶柄稍紫，根系发达，生长点完好，第 1 花蕾显露，无病虫害。

3. 选地整地

进行无公害茄子生产选地时，要求地块通风向阳，能排能灌，有机质含量高，通透性好，至少前 3 年内未种植茄果类蔬菜，并且周围环境符合无公害蔬菜产地环境要求。实行水旱轮作的，冬前翻耕，进行冻土，消灭病菌。非空闲地，在前茬作物收获后，定植前 10 天左右翻地，每 $667m^2$ 施腐熟人畜粪2500kg，氮磷酸钾复合化肥 50kg。整地做畦，畦宽包沟1.4m，深沟高畦，畦面约成龟背形。洒上少许水后，覆盖地膜。

4. 提早闷棚

在定植前半个月扣好大棚棚膜，进行闷棚，利用高温消毒。

5. 及时定植

3 月上中旬，当日平均气温稳定通过 15℃、10cm 以下土层温度达 10℃ 左右时即可进行定植。进行特早熟栽培时，采用 3 层覆盖，即塑料大棚＋小拱棚＋地膜覆盖，必要时辅以草帘覆盖。在晴暖无风天气的上午定植，株行距一般为 33cm×50cm，每 667m² 栽植 3300 株左右。随栽随浇定根水，浇水后用土封根。栽植深度是以茄苗土坨上面略低于畦面为宜，这样利于缓苗。

6. 搞好定植后培管

（1）温湿度调控。温湿度的调节主要是通过揭膜和闭膜来实现的。在大棚内入口处、中部和尾处各放上 1 支温湿度计，方便随时掌握棚内温湿度变化。缓苗前保持高温高湿。茄子缓苗前生长适合的温度是白天气温 25℃～30℃，夜间最低气温不低于 16℃。当心叶开始生长就表明缓苗结束。缓苗后晴天中午应注重棚内的温度管理，白天控制在 28℃ 以下，夜温 10℃～13℃。晴天当温度高时，敞开部分棚膜通风降湿。旺盛生长期，逐步加大敞棚的范围，降低温度。进入后期，将裙膜全部敞开。

（2）肥水管理。茄子为喜肥作物，缓苗后追施稀薄人粪尿或尿素水。门茄采收后，浇水施肥。每 667m² 追施三元复合肥 10kg，2～3 次。在结果中后期还可以在叶面喷施 0.3% 磷酸二氢钾＋0.2% 尿素水溶液 1～2 次。严重干旱时进行沟灌，灌完水后及时排去沟水，减少病害。

（3）中耕培土。中耕多结合除草进行。没有进行地膜覆盖的，缓苗后在应及时中耕除草，并在根际培土。

（4）植株调整。采用 3 杆整枝法，即除保留主茎外，在保留第 1 花序下面再保留 2 个较强壮的侧枝，将其余的侧枝全部抹掉。摘除老叶、黄叶和病叶，加强通风透光。整枝应选在晴天上午进行。

(5) 落花落果的控制

落花落果的原因。造成茄子落花落果的主要原因有以下几种：①高温或弱光，易形成较多的短花柱而导致落花。②长势较弱的植株所开的花，花梗细，花瘦小，花柱短，易落花。③土壤干旱，空气干燥，土壤中肥料浓度过大，盐分集聚土表，叶呈镶金边状，花发育受阻，导致落花或干枯。④营养生长过旺的徒长株所开的花易落花。⑤空气湿度过大且维持时间长，花朵授粉困难，易导致落花。⑥激素使用不当。一方面是处理时间把握得不准。激素处理花朵最佳时间只有 3 天，即花朵开放的当天和开放前 2 天，以开放当天处理为最佳，提前处理易形成僵茄（死疙瘩）。另一方面是激素浓度过大。激素的使用浓度一般要求为 30mg/kg，但应随温度变化而灵活处理，即气温高时浓度稍低，气温低时浓度稍高。浓度过高，容易引起畸形果。重复处理也容易引起落花落果。

落花落果的控制。采取以下措施能有效地控制落花落果：一是草苫早揭晚盖，在保证棚内温度条件的前提下尽量延长光照时间，阴天也要揭苫吸收散射光，但可缩短揭苫时间，不能不揭。可以通过日光温室后墙挂反光幕、拱式大棚地面铺地膜和晚上用日光灯补光的方法增加光照时间。控制夜温，防止夜温过高。二是定植时要淘汰弱小苗和僵苗，并摘掉门茄花，人为延长其营养生长期，同时增施肥料，促根壮苗。必须及时灌水解盐，使土壤保持湿润。施肥量一次不宜过大。三是适当控制苗势。门茄瞪眼前应适时蹲苗，蹲苗期适当控水控肥，中耕松土，以便营养生长向生殖生长过渡。四是花期用 20～30mg/

kg 的 2，4-D 胺盐水溶液＋1％速克灵溶液或 30～40mg/kg
番茄灵蘸花或喷花，效果较好。五是按时通风排湿，避免大水
漫灌，增加湿度。防病最好采用粉尘法或雾剂施药。六是加强
田间管理，包括合理密植，及时清除田间病叶、烂果和失去功
能的叶片，减少病害再侵染。

二、茄子露地栽培技术

春夏季露地栽培茄子主要是为了渡秋淡。其栽培关键技术
如下：

1. 培育无病壮苗

茄子春夏季露地栽培在品种选择上，要求耐热、抗病性
强、商品性好、优质高产。如湘茄 1 号、渝研 2 号、渝研 3 号
等。春季露地茄子栽培一般 3 月中下旬利用小拱棚播种，夏茄
子在 5 月下旬至 6 月上旬播种，多用紫龙长茄、墨茄等品种，
露地育苗。播前 5～7 天浸种催芽，将种子放入 55℃热水中不
断搅动。直到温度降至 30℃左右，浸种 8～10 小时，然后捞
起，用湿毛巾包好，置于 35℃条件下催芽，每天清洗 2 遍，
当有 50％以上发芽时即可播种，播后盖 1～2cm 细土，并在苗
床上覆盖遮阳网。当苗子长到 2 叶 1 心时第 1 次分苗。壮苗标
准是株高 15cm，开展度 15cm，9～10 片真叶，茎粗 0.6cm，
根系发达，无病虫，现蕾。

2. 适龄移栽

按无公害蔬菜生产要求选好地。至少提前 1 周整地，施足
基肥，地膜覆盖备用。当苗龄达到 20～25 天，选壮苗定植，
其行株距为 50cm×40cm，定植宜在晴天下午 4 时后进行，浇
足定根水。夏季露地栽培的第 2 天下午再浇一次水。

3. 加强肥水管理

活棵后，每 $667m^2$ 追施已发酵好的人粪尿 1000kg，或穴施复合肥 10kg。在门茄刚膨大时，追施发酵好的人粪尿 1500kg 或复合肥 15kg。在结果盛期追施复合肥 20kg 或人粪尿 2000kg。一般追肥结合浇水进行。在盛果期重浇壮果肥水。在采收前 2~3 天浇 1 次水，使果实充分长大，果皮鲜嫩，具有光泽。

4. 整枝打杈

一般采用双杆整枝法，即每层分枝保留对杈斜面生长或水平生长的 2 个对称枝条，其他枝条一律打掉。在门茄坐稳后将下面所发生的腋芽全部打掉。四门茄以上及时摘除腋芽，后期打顶摘心。

5. 及时中耕除草

春夏季是杂草生长旺季，结合中耕除草进行培土，封行前中耕 2 或 3 次，消灭杂草和保墒。

6. 加强病虫害的预防

利用防虫网覆盖，能有效地防治虫害。病害按无公害蔬菜生产要求进行防治。

7. 茄子再生技术

随着茄子结果部位上升，植株长得过高，易倒伏，上部果实个头小，着色不好，影响商品性。为改善商品性，于立秋前后，在对茄部位以上 10cm 处剪枝，使之再生。剪枝后将植株上所有叶片都打掉，然后每 $667m^2$ 追三元素复合肥 20~30kg，浇足水，促进新枝萌发。新枝萌发后，枝条很多，等新枝长到 5~10cm 时，留 4 个长势相当的枝条，其余枝条打去。一般剪枝后 30~40 天，第 2 茬茄子即可上市。露地栽培的茄子，加盖小拱棚、草苫，可延迟到霜降后 30~50 天上市，效益更高。

三、茄子秋延后栽培技术

1. 选择抗热、抗病、商品性好、丰产优质品种,适时播种

茄子秋延后栽培宜选用秋茄 9149 或武汉伏龙茄、万吨长茄等抗热性强、生长旺盛、抗病性强,在高温条件下挂果多,且果实生长速度快的品种。

5 月下旬至 6 月上中旬将种子直接点播于已消毒的营养钵或苗床中。钵土或床土要求肥沃疏松、湿润,手捏不成团。播后均匀盖上一层细园土,浇足水后覆盖 2 层遮阳网,待出苗达 70%~80% 时,将遮阳网覆盖改为小拱棚单层覆盖。

2. 培育壮苗,施足底肥,适时定植

炎夏培育壮苗的关键措施是科学用好遮阳网,坚持"白天盖晚上揭;暴晒时盖,弱光和阴天揭;大雨时盖,小雨时揭"。不能一盖到底,否则易因缺光而产生弱苗。

在苗期用 83 增抗剂 300 倍液混配叶面肥绿芬威 1000 倍液,对幼苗进行喷雾,每星期 1 次,连续使用 2~3 次,并用腐熟的 10% 稀粪水对幼苗进行浇施,注意防虫害。

定植地块每 667m² 施腐熟有机肥 2500kg 或饼肥 150kg＋复合肥 100kg＋过磷酸钙 30kg 作底肥。畦宽 1.4m,做成深沟高畦。每 667m² 定植 2500 株,行株距 50cm×40cm,于 7 月中旬当幼苗具 5~6 片真叶时,抢晴天傍晚定植,灌足定根水。定植后在棚上或棚内 1.8m 高处覆盖 1 层遮阳网。缓苗后,及时用 10% 的腐熟人粪尿追施提苗肥,以后每隔 5~7 天施 1 次 15% 的腐熟人粪尿或三元复合肥。

3. 采取有效措施保花保果

在茄子开花前 1~2 天或开花时,可用 30mg/kg 坐果灵＋快灵 1000 倍液进行喷花,连续使用 5~6 次,保花保果,还可

兼治危害花的害虫。从花蕾期开始每隔 10 天喷 0.01% 天丰素 5000 倍液（0.75mL 兑 15kg 水）均匀喷施于植株叶面上，可使植株生长良好，叶色青绿，坐果期提前，采收期延长，群体果数增加，单果质量提高，并可使产量增加 20%。

4. 重追肥，勤中耕培土，及时灌溉和排涝

果实盛收期也是需肥最多的时期。门茄坐住以后，可追施复合肥、尿素或腐熟的粪肥。开始 2～3 次，以复合肥为主，每次每 667m^2 施 15～20kg；之后 2～3 次，以尿素为主，每次每 667m^2 施 10～15kg；8 月下旬以后天气渐凉，以追施腐熟粪肥为主，约 10 天 1 次，以供果实不断生长的需要。

中耕可结合除草进行。早期的中耕深些，约 5～7cm；后期浅些，3cm 左右。大雨以后，应在半干半湿时进行中耕，防止土壤板结。中耕时进行培土，以防止植株倒伏。

茄子的叶面积大，水分蒸腾较多，一般要保持 80%～90% 的土壤相对湿度。当果实开始发育，露出萼片时，进行浇水，以促进幼果的生长。果实生长最快时，是需水最多的时候，这时肥水充足，果皮鲜嫩，有光泽。至收获前 2～3 天灌水，以促进果实迅速生长。以后在每层果实发育的始期、中期及采收前几天，都及时灌水，以满足果实生长的需要。当雨水过多时，还要注意及时排水，以防涝害。

5. 适当摘叶，及时设立支架

秋延后栽培采取 3 杆整枝法，即除保留主茎外，在保留第 1 花序下面再保留 2 个较强壮的侧枝，将其余的侧枝全部抹掉。摘除老叶、黄叶和病叶，加强通风透光，减少落花，减少果实腐烂，促进果实着色。整枝应选在晴天上午进行。封行前设立支架，防植株倒伏。

第五节　病虫害无公害防治技术

一、茄子无公害病虫害防治的基本原则

1. 无公害蔬菜生产的病虫害防治原则

无公害蔬菜生产的病虫害防治要坚持"预防为主，综合防治"的植保方针，要求尽量少用或不用化学农药，以农业防治为基础，结合生态防治与物理防治，优先使用生物农药，在这些措施都无法控制病虫害的发展时，才可以合理地使用高效、低毒、低残留的化学农药。

2. 茄子无公害病虫害防治的用药原则

茄子属于持续采收的蔬菜作物，生育期长，不可避免地要施用农药。为保证产品食用安全、无公害，在施药时要做到以下几点：

第一，严格按无公害蔬菜生产要求选择农药品种及用量、稀释倍数、施用方法及安全间隔期等。

第二，根据茄子病虫害发生规律适时用药。如茄子疫病、枯萎病等土传病害在发病初期及时处理中心病株，可有效地控制病害扩展；多数病害发病初期只有局部症状，适时地采取涂抹法不但可阻止病害蔓延，与喷雾法相比，还能减少用药量，达到无公害要求。

第三，选择合适的农药剂型和施药方式。根据栽培方式、病虫害发生情况及气候条件可选择合适的农药剂型和施药方式。如保护地内防治茄子早疫病，可选择5％的百菌清粉尘剂喷粉或45％的百菌清烟雾剂熏烟；防治茄田红蜘蛛、白粉虱、蚜虫、茶黄螨等可用25％的保护地杀虫烟剂熏烟。

第四，对症下药。多使用有针对性的农药，少用广谱性农药；有选择地交替使用各类农药，避免病虫产生抗药性。

二、茄子无公害病虫害防治的主要方法

茄子无公害病虫害防治方法主要有 4 种，即农业防治、物理防治、生物防治和化学防治。

1. 农业防治

通过选用优良品种、培育壮苗、合理轮作、科学管理等措施来提高茄子本身的抗病、抗虫、抗逆性，从而起到防病的作用。

选用优良品种。选择优质、高产、抗病虫的品种是农业防治中最经济、最有效的措施。生产上应根据当地消费习惯、生态环境和病虫害发生情况选择抗病虫害能力强、商品性好、高产优质的品种。

种子消毒。它是将附在种子表面的病原菌杀死，能有效地防治种传病虫害。种子消毒的方法有晒种、药液浸种、药剂拌种、温汤浸种等。一般使用高温烫种或温汤浸种来进行种子消毒；必须进行药液浸种或药剂拌种时，选择的农药种类和剂量应符合无公害生产的要求。

苗床及栽培场地的清理与消毒。粪肥要充分发酵腐熟。苗床用地在前茬作物拉秧后，要及时清除残株、烂叶及杂草。保护地可以将土壤翻晒，利用高温进行闷棚，杀死病原菌和虫卵；还可以施入一定量石灰，调节土壤 pH 值，施入石灰的数量以土壤 pH 值在 6.5～7 为宜。

培育壮苗。根据当地的条件和栽培方式选择适当的育苗方法，对温、光、水、肥进行合理调控，培育无病无虫壮苗；同时在定植前要剔除弱、病、虫苗。以免被带到田间，成为传

染源。

轮作或采用嫁接苗。采取茄子—十字花科作物—葫芦科作物 3～5 年的轮作或采用嫁接苗可有效地控制茄子立枯病、青枯病和疫病等土传病害的危害。茄子根系再生能力强，嫁接易成活，目前主要采用劈接法。

深翻晒垄，施足腐熟有机肥。深翻可使病残体在土壤中腐烂，也可使在土壤中越冬的病菌、害虫被翻到地表，经日晒、干燥、冷冻、深埋或被天敌捕食而被杀灭，从而减少病源、虫源；深翻还可以疏松土层，有利于根系发育。腐熟有机肥除了能供给茄子生长发育所需营养成分以外，还可改善土壤结构，避免沤根，减少病害发生。

加强田间管理，合理追肥浇水。及时整枝打杈，摘除老叶、病叶、病果并深埋，通风透光，改变田间小气候。施足基肥，增施磷、钾肥，适时追肥。小水勤浇，避免大水漫灌。保护地内要科学通风，降低湿度，创造有利于茄子生长而不利于病虫害发生的环境条件。

2. 物理防治

物理防治就是利用温、光、声、电、红外线辐射等对病虫害生长发育的干扰来防治植物病虫害的方法。在无公害茄子生产中主要有以下几种：

诱杀法。利用蚜虫和白粉虱的趋黄性，可在田间设置黄色诱杀板或在温室的通风口挂黄色黏着条诱杀蚜虫和温室白粉虱，或利用频振式诱蛾灯捕杀斜纹夜蛾。

设置防虫网。在温室、大棚的通风口覆盖防虫网或秋延后栽培中覆盖防虫网，可减轻虫害及昆虫传播的病害。

银膜避蚜。可在田间用银灰色塑料薄膜进行地膜覆盖栽培，或在保护地周围悬挂上宽 10～15cm 的银色塑料挂条。

转移诱杀。为了减轻马铃薯瓢虫对茄子的危害，可在茄田附近种植少量马铃薯，使瓢虫转移到马铃薯上去，再集中将其消灭。

此外，值得一提的是，还有一种不同于物理防治的方法，即损伤疗法。它直接用摘除虫叶的方法来捕杀斜纹夜蛾等害虫的虫卵和成虫。

3. 生物防治

利用天敌防治。如在温室内释放丽蚜小蜂对防治温室白粉虱有一定的效果。

生物农药防治。生物农药高效、低毒、低残留，有利于无公害蔬菜生产。如用农用链霉素防治茄子青枯病，用大蒜素防治蚜虫，用齐螨素防治红蜘蛛和茶黄螨等。

4. 化学防治

在病虫害发生初期合理使用化学农药进行控制。

三、茄子主要病虫害及防治

1. 茄苗猝倒病（俗称小脚瘟）

症状：幼苗出土后染病，在胚茎部出现淡黄至黄褐色水浸状病斑，进而病斑绕茎 1 周，病部组织腐烂、干枯、缢缩，病斑自下而上继续扩展，子叶或幼叶尚未凋萎，幼苗即倒伏于地，出现猝倒现象，然后萎蔫失水，呈线状干枯。在低温高湿条件下，病害发展极快，引起成片倒苗，即菜农所说的"倒针"，倒苗处的地表长出一层棉絮状的白霉即致病菌。

防治方法：①选择通风向阳的育苗场所。②采用新田土配制营养土。③加强苗床管理，保持苗床干燥，一旦发现床土过湿，可撒施一些草木灰降低湿度，控制病害蔓延。④发病初期用 58%雷多米尔锰锌可湿性粉剂 500 倍或 75%百菌清可湿性

粉剂 600 倍、64％杀毒矾 500 倍叶面喷雾，每 7～9 天喷雾 1
次，连喷 2 或 3 次。

2. 立枯病

症状：刚出土的幼苗和中后期幼苗均可受害，受害幼苗基
部产生长圆形至椭圆形暗褐色病斑，明显凹陷，病斑横向扩展
绕茎 1 周后病部出现缢缩，根部逐渐收缩干枯。初染病幼苗晴
天中午萎蔫，晚上至翌晨恢复，以后不再恢复正常，并继续失
水直至立枯而死。潮湿时病部长有稀疏的蛛网状霉层，呈淡褐
色，即致病菌。立枯病病苗立着枯死，病部菌丝不明显。这是
有别于猝倒病的根本特征。

防治方法：①用肥沃的多年未种过蔬菜的大田土配制床
土。②苗床注意通风、排湿，控制夜温，避免夜温过高。③与
非茄科作物实行 3～5 年的轮作。④控制播种密度，防止幼苗
徒长。⑤发病初期，用 5％井冈霉素水剂 500～800 倍液灌根，
隔 7～10 天再灌 1 次。及时分苗，随即用 70％的代森锰锌可
湿性粉剂 500 倍液，72％的普力克水剂 800 倍液或绿亨 1 号
1500 倍液喷雾。

3. 茄子褐纹病

症状：整个生育期均可发生，主要为害茄子叶片、茎基和
果实。幼苗发病，主要在茎基部近地面处产生水浸状病斑，渐
变褐色或黑褐色，凹陷、收缩，扩大至绕茎 1 周时，呈立枯
状，病部生有黑色小粒点，有别于立枯病。成株期染病，多从
下部叶片开始出现苍白色、水浸状近圆形或不规则形病斑，之
后边缘呈深褐色，中央呈灰白色，轮生小黑点；后期病部扩大
连片，常干裂、穿孔或脱落。茎秆多在基部受害，开始出现水
浸状棱形病斑，而后边缘呈褐色，中央呈灰白色，凹陷，之后
扩大为干腐溃疡状，其上生有许多隆起的小黑点；后期皮层脱

落，露出木质部，当病斑绕茎 1 周时，整株枯死。果实染病，初为水浸状浅褐色病斑，凹陷，圆形或近圆形，渐变为黄褐色，病部发软；病斑扩大到整个果实时，常有明显轮纹，其上密生黑色小粒点。在空气潮湿时，病果软腐、脱落，干燥时，病果干缩成僵果挂在枝条上。

防治方法：①选择抗病品种，一般长茄类品种较圆茄类品种抗病，白茄和绿茄类品种较紫茄类品种抗病。②从无病株上留种、采种。③播前种子用 55℃ 恒温水浸种 15 分钟，冷却后催芽。进行苗床消毒，苗床需每年更换新土。播种时，用 50％ 多菌灵可湿性粉剂 10g 拌细土 2kg 配成药土，下铺上盖。④实行 3～5 年的轮作。加强栽培管理，培育壮苗，施足腐熟的有机肥，促进早长早发，把茄子的采收盛期提前在病害流行季节之前。合理密植，及时摘除下部老叶，保持良好的通风性。实施地膜覆盖栽培，膜下浇水，加强通风排湿。及时摘除病叶、病果。⑤合理使用农药防治。发病初期，可用 75％ 百菌清 600 倍液，或 70％ 代森锰锌 500 倍液，或 64％ 杀毒矾 500 倍液等药剂间隔 10 天喷雾。也可用 45％ 的百菌清烟剂与喷雾交替使用。结果后开始喷洒 75％ 百菌清可湿性粉剂 600 倍液、40％ 甲霜铜可湿性粉剂 600～700 倍液、64％ 杀毒矾可湿性粉剂 500 倍液或 1∶1∶200 波尔多液，一般每 10 天 1 次，连续 2～3 次。

4. 茄子黄萎病

症状：又称凋萎病、半边疯、黑心病，是为害茄子的主要病害。病情一般自下而上或自一侧向全株发展，初期叶片边缘和叶脉间出现褪绿斑，后发展至半边叶片或整叶变黄；早期叶片晴天中午萎蔫，早晚或阴雨天可恢复；后期病叶由黄变褐并干枯，叶缘上卷，严重时叶片变褐脱落，只剩光秆。轻病株果实小而硬，重病株植株矮小不结果。纵剖根、茎、分枝、叶柄及重病株的成熟果实，可见维管束变褐。

防治方法：①选择抗病品种。②进行种子消毒。播前用55℃恒温水浸种15分钟，冷却后催芽。③用肥沃田土配制苗床土，用育苗钵等进行护根育苗，培育无病壮苗。④与非茄科作物实行5年以上的轮作。⑤增施有机肥，实行地膜覆盖栽培。适时定植，多带土，少伤根，栽苗不宜过深，定植后选晴天温度高时浇水，以免地温下降。用野生茄做砧木进行嫁接栽培。⑥适当地进行药剂灌根防治。用50%多菌灵可湿性粉剂500倍液300～500mL/株灌根。用50%琥胶肥酸铜（DT）可湿性粉剂350倍液，50%混杀硫悬浮剂500倍液，每株浇灌300～500mL，一般每10天1次，连灌2或3次。

5. 茄子绵疫病

症状：俗称"掉蛋"、"水烂"，主要为害果实、茎、叶、花器等，是一种常见的茄子病害，近地面处果实发病最重。发病初期，果实表面产生水浸状圆形斑点，稍凹陷，边缘不明显，黄褐色至深褐色，病部果肉黑褐色，腐烂。高湿条件下，病部表面长有白色絮状菌丝，病果易蒂落并很快腐烂。叶片染病，初呈水浸状，出现不规则形病斑，边缘不明显，有轮纹，后褐色或紫褐色，潮湿时病斑上长出稀疏的白霉。茎部受害，呈水浸状缢缩，后变褐色，其上部叶萎蔫，湿度大时长白霉。花器受侵染后呈褐色腐烂状。

防治方法：①选用抗病品种。②与非茄科作物实行5年以上的轮作。③加强田间管理，及时整枝，打老叶，摘除病叶、病果，加强通风，控制田间湿度。④发病初期，可用75%百菌清可湿性粉剂600倍液，或72%普力克水剂800倍液等喷雾。也可与45%百菌清烟剂交替使用。发病初期及时喷洒

75%百菌清可湿性粉剂 500～600 倍液，58%雷多米尔锰锌可湿性粉剂 400～500 倍液，64%杀毒矾可湿性粉剂 500 倍液，每 7～10 天 1 次，连喷 2～3 次。

6. 茄子青枯病

症状：青枯病被农民视为茄科作物的癌症。主要为害茎部和枝条，发病初期部分枝条上的叶片呈现局部萎蔫，很快发展到整个枝条甚至整株叶片，初期晴天中午萎蔫，早晚恢复，几天后不再恢复，整个植株病叶变褐枯焦。该病始于茎基部，后延伸到枝条。剖开病茎基部，可见维管束变褐，枝条的髓部大多腐烂或中空，湿度大时用手挤压病茎横切面，有少量乳白色菌脓溢出，闻之有异味，这是青枯病（细菌性病害）的重要特征。在一块地里，如果出现几棵病株，病害可在极短的时间内迅速蔓延至整个地块，导致全田绝收。

防治方法：①实行与十字花科或禾本科 5 年以上的轮作，最好水、旱轮作。②结合整地，每 667m^2 施用生石灰 100kg，施足腐熟有机肥，翻整土地，使土壤肥沃、微碱，抑制病原菌繁衍，增强植株本身的抗性。及时拔除、烧毁中心病株，并在病穴上撒施少许石灰粉，防止病害蔓延。③发病初期可用 72%农用链霉素 4000 倍液，或 77%可杀得 500 倍液，或 14%络氨铜水剂 300 倍液灌根，300～500mL/株，间隔 10 天，连续灌 2～3 次。

7. 蚜虫

田间识别：为害茄子的蚜虫主要是瓜蚜，俗称"腻虫"。蚜虫往往聚集于叶背和生长点附近的嫩叶上，刺吸叶汁，造成植株严重营养不良，常使幼叶卷缩、变黄甚至枯死。同时，蚜虫还可通过刺吸式口器传播多种病毒，造成更大的危害。瓜蚜夏季多为黄绿色，春秋为墨绿色或蓝黑色。

防治方法：①上茬拉秧后及时清除残株、落叶及杂草。发现虫苗，立即带出田间并深埋。农具也是蚜虫寄生的场所，所以当春天气温回升时，要用农药喷洒，把蚜虫消灭在迁飞扩散之前。②利用银灰膜对蚜虫的忌避作用，可用银色地膜覆盖栽培或在大棚周围张挂 10～15cm 宽的银色膜条。在棚室的通风口覆盖防虫网以挡住蚜虫。黄板诱蚜同白粉虱防治部分。③保护蚜虫天敌如七星瓢虫、蚜茧蜂、食蚜蝇等，以虫治虫。用 0.65％的茴蒿素 400 倍液，或 2.5％的苦参碱 3000 倍液喷雾。也可用 20％～30％的烟叶水喷雾或用南瓜叶加少量水捣烂后 2 份原汁液加 3 份水再加适量肥皂液进行喷雾。④可交替使用 2.5％的溴氰菊酯乳剂 3000 倍液，或 50％抗蚜威可湿性粉剂 2000 倍液，重点喷蚜虫聚集的叶背和生长点，并在采收前 10 天停止使用。保护地最好用 25％杀虫烟剂熏杀，每 667m² 用 600g，间隔 7～10 天，连熏 3～4 次。此外，也可用 10％吡虫啉可湿性粉剂 1500 倍液喷雾。

8. 美洲斑潜蝇

田间识别：俗称蔬菜斑潜蝇，成虫为暗灰色小蝇子。卵椭圆形，灰白色。幼虫蛆状，黄色或鲜黄色。蛹长椭圆形，略扁，黄褐色。成、幼虫均可为害，主要为害茄子叶片，成虫飞翔，把叶片刺伤，并在叶片上取食和产卵；幼虫潜入叶片和叶柄为害，使其产生不规则蛇形灰白色虫道，俗称"鬼画符"。初期虫道呈不规则线状伸展，终端常明显变宽；后期虫道加宽、交叉、连片甚至只剩上、下两层，叶绿素被破坏，影响植株的光合作用，受害严重的叶片脱落，植株早衰。

防治方法：①与非寄主性植物实行轮作。合理密植，增强田间通透性。收获后及时清洁田园，将被潜叶蝇为害的残体集中深埋、烧毁或做堆肥。②利用斑潜蝇的趋黄性进行诱杀（同白粉虱防治部分）。③将糖、醋、敌百虫和水按 1.5：2.0：0.05：20 的比例配成溶液定点放置，诱杀成虫，保护地内可每 667m² 用 25％杀虫烟剂 600g 熏杀，露地可用齐螨素类药剂进行防治，各种含量的用量分别是：1.8％乳剂 3000 倍液，0.9％乳剂 1500 倍液，0.3％乳剂 500 倍液，间隔 7 天喷 1 次，共喷 2～3 次。

9. 茶黄螨

田间识别：又名嫩叶螨、阔体螨、半跗线螨，虫体很小，肉眼很难看见。以成虫和幼虫集聚在茄子的幼嫩部位刺吸汁液。上部叶片受害后变小变窄，生长缓慢、畸形，叶背变成黄褐色，有油质状光泽，叶片边缘向下卷，有的还发生龟裂。嫩茎、嫩叶受害变成黄褐色，扭曲变形，直至顶部干枯。花、蕾受害后不能坐果。果实受害后果柄、果皮木栓化，黄褐色，无光泽，甚至发生不同程度的龟裂，严重的种子裸露，植株生长缓慢。

防治方法：清洁田园，早春特别注意拔除茄科菜田的龙葵草等杂草，消灭虫源。药剂防治可选用 20％螨克 2000 倍液，73％克螨特，41％金霸螨 2000 倍液喷雾。

10. 蝼蛄

田间识别：又名土狗子、地狗子，属地下害虫。蝼蛄以成虫、若虫在土壤中咬食刚播下的茄种和刚出土的幼芽或咬断幼根和嫩茎，造成缺苗。受害植株根部呈乱麻状，蝼蛄活动时将土层钻成许多隆起的"隧道"，使根系与土壤分离，失水干枯而死。保护地内由于温度高，蝼蛄活动早，幼苗集中，为害更重。

防治方法：①实行水旱轮作，深耕多耙，不施未腐熟的有机肥。②人工诱杀：利用蝼蛄的趋光性，在田间设置黑光灯诱杀；利用蝼蛄对马粪的趋性，在田间挖 30cm 见方、约 20cm 深的坑，内堆湿润的马粪，表面盖上草，每天清晨捕杀；利用蝼蛄对香甜物质的趋性，可在田间撒施毒饵，具体做法是先将饵料（豆饼、碎玉米粒等）5kg 炒香，用 30 倍液的 90% 敌百虫溶液 0.15kg 拌匀，加适量的水拌潮，每 667m^2 放 1.5 ～2.5kg。

11. 小地老虎

田间识别：又名土蚕、地蚕、黑土蚕、黑地蚕，3 龄前幼虫仅取食叶片，使其形成半透明的白斑或小孔，3 龄后主要为害茄子及其他作物的幼苗，将幼苗近地面处咬断，造成严重缺苗、断垄甚至毁种。

防治方法：①清除杂草并使之远离茄田。②人工诱杀：诱杀成虫，可利用小地老虎成虫的趋光性，在田间设置黑光灯诱杀；还可利用其对酸甜物质的趋性，用糖 6 份、醋 3 份、白酒 1 份、水 10 份、90% 敌百虫 1 份配成溶液或用发酵变酸的食物如烂水果等加适量药剂或用泡菜水加适量药剂均可诱杀。诱杀幼虫，采摘新鲜泡桐树叶，于傍晚放在有幼虫的茄田，每 667m^2 放 50 片，早上揭开树叶捕捉；还可堆草诱杀，在定植前选择地老虎幼虫喜食的刺儿菜、苦莫菜等杂草堆放，使幼虫集中并将其消灭；同时，还可用毒饵诱杀（同蝼蛄防治）。③药剂防治：地老虎 1～3 龄幼虫抗药性差，且尚未入土，暴露在寄主植物或地面上，是用药的关键时期，可用 90% 的敌百虫晶体 1000 倍液，或 50% 的辛硫磷乳油 1000 倍液，或 2.5% 的溴氰菊酯 3000 倍液喷雾。④生物措施防治：用 0.9% 虫螨克 4000 倍液，或 1% 蛹虫清 5000～6000 倍液喷雾，防治叶螨。用 0.9% 虫螨克 3000 倍液，在棚室内还能防治美洲斑潜蝇。

第六节　采收与加工

一、采收

茄子一般以嫩果上市，果实在花后 15～20 天即可采收。无公害茄子的采收必须按照农药和肥料的安全间隔期标准进行。早春或秋季若市场行情好，在茄子覆眼时即可及时采收。产品质量必须经过检测符合无公害茄子国家标准的方可上市或贮藏、加工。

二、加工

茄子皮薄多肉，不耐储藏，一般以鲜食为主。我国民间茄子的加工主要有腌渍茄子、酱制茄子及干制茄子等方法。

1. 腌渍茄子

初腌时一般每 100kg 茄子用食盐 10～12kg，用手揉擦，使茄子软化，然后一层盐、一层茄子地堆放在缸中，装满后用蒲叶、篾垫、石头压紧，12 小时后开缸，上、下翻动 1 次，再用石头压紧，过 24 小时取出，转入复腌。复腌时将初腌的茄坯平放缸中，放一层茄坯，撒一层盐，每 100kg 茄坯再加盐 8～10kg。发现有硬茄子，继续揉擦，使之变软，装满后仍用蒲叶、篾垫、石头压紧，并加入 15°～18°浓盐水，使茄子不露出水面。加工过程中勿沾生水，可保持半年以上不会腐烂变质。每 100kg 鲜茄可以制成咸茄 45～50kg。咸茄以鲜、柔、嫩、内部带有油质为上品。

2. 酱制茄子

将已腌渍的咸茄坯放在日光下晒半天或压去水分，投入甜

面酱内浸渍。每 100kg 茄坯放甜面酱 20kg，每天上下翻拌 1
次，使酱味渗入茄内，15 天左右即可食用。每 100kg 咸茄坯
可出酱茄子 95～100kg。

3. 干制茄子

用干净的菜刀将茄子剖开，刮除其中全部子粒，然后在太
阳下曝晒，干燥后即成茄干。也可将茄子蒸熟后，切成薄片，
在苇席上或用细绳挂起来晾晒，晒干后密封储藏。

第二章　辣　椒

　　辣椒（*Capsicum annuum*）原产于中南美洲热带地区。15世纪末，哥伦布发现美洲之后把辣椒带回并由此传播到世界其他地方。早在明代，辣椒就已传入中国。辣椒，又叫番椒、海椒、辣子、辣角、秦椒等，是一种茄科辣椒属植物。辣椒为一年生草本植物。果实通常为羊（牛）角形、线形、灯笼形，大多品种未成熟时呈绿色，成熟后变成鲜红色、黄色或紫色，以红色最为常见。辣椒中富含辣椒素、维生素 C 和胡萝卜素，它能扩张血管，加快血液循环，促进胃液分泌，促进神经兴奋；它具有温中下气、散寒去湿的作用，还可促进脂肪代谢，防止体内脂肪积累，有利于减肥防病。现在全国各地栽培较为广泛，尤其是在南方，已成为一种大众化蔬菜，在长江流域栽培面积较大。

第一节　形态特征及特性

一、辣椒的形态特征

1. 根

　　辣椒的根系不如番茄、茄子发达。主根长出后分杈，称为1级侧根，1级侧根再分杈，形成 2 级侧根，如此不断分杈，形成根系。通常在距离根端 1mm 左右处，有 1 段 1～2cm 长的根毛区，上面密生根毛。根毛寿命只有几天，但因密度大，吸水力强，所以能大大增加根系的活跃吸收面积，提高吸收及合成功能。

根的作用是从土壤中吸收水分及矿物质营养。植株的生长及其果实形成所需的大量水分及矿物质营养，都是由根从土壤中吸收来的。根的另一作用是合成氨基酸，植物体必需的许多氨基酸是由根系合成后输送到地上部分的。另外，根还起固定植株，支持主茎不倒伏的作用。

主根上粗下细，在疏松的土壤里，一般可入土层 40～50cm。移栽的辣椒由于主根被切断，生长受到抑制。随着主根的生长，不断形成侧根，侧根发生早而多，主要分布在 5～20cm 深处，侧根一般长约 30～40cm。

根系各部位吸收能力不同，较老的木栓化根只能通过皮孔吸水，吸水量很小，主要由幼嫩的根和根毛进行吸收，合成活动也是新生根的细胞最旺盛。因此，在栽培中要促使辣椒不断产生新根，发生根毛。

2. 茎

辣椒茎直立，基部木质化，较坚韧，茎高 30～150cm。分枝习性为双杈分枝，也有 3 杈分枝的。但其中一条生长较强，而另一条不很发达，这在植株上部的分枝上尤为明显。一般情况下，小果类型植株高大，分枝多，开展度大，如小辣椒有200～300 个分枝；大果类型植株矮小，分枝少，开展度小。一般当主茎长到 5～15 片叶时，顶芽分化为花芽，形成第 1 朵花。其下的侧芽抽出分枝，侧枝顶芽又分化为花芽，形成第 2 朵花。以后每 1 分杈处着生 1 朵花。丛生花则在分杈处着生 1 朵以上的花。

茎将根吸收的水分及矿物质等输送给叶、花、果，同时又将叶片制造的有机物质输送给根，促进整个植株的生长。

3. 叶

辣椒的叶分子叶和真叶。幼苗出土后，最早出现的两片扁长形的叶称为子叶，以后生出的叶称为真叶。子叶展开初期呈浅黄色，以后逐渐变成绿色。在真叶出现以前，子叶是辣椒赖以生活的唯一同化器官。子叶生长好坏取决于种子本身的质量和栽培条件的好坏。种子发育不充实可使子叶瘦弱畸形。当土壤水分不足时，子叶不舒展；水分过多，或光照不足，则子叶发黄。所以，可从幼苗子叶的生长状况，判断幼苗是否健壮。

辣椒的真叶为单叶、互生，卵圆形、披针形或椭圆形全缘，先端尖，叶面光滑，微具光泽。叶色因品种不同而有深浅之别。一般大果型品种叶片较大，微圆短；小果型品种叶片较小，微长。辣椒叶片的功能主要是进行光合作用和蒸腾水分、散发热量。叶片生长状况往往反映了植株的健壮程度。

一般情况下，健壮的植株，叶片舒展，有光泽，颜色较深，心叶色较浅，颇有生机；反之，叶片不舒展，叶色暗，无光泽，或叶片变黄，皱缩。

4. 花

辣椒的花为两性花。属常异花授粉作物，虫媒花。异交率5%～30%，品种间差异较大。故辣椒采种时，应注意隔离，间隔一般不少于500m。辣椒花小，白色或绿白色。花的结构可分为花萼、花冠、雄蕊、雌蕊等部分。花萼为浅绿色，包在花冠外的基部，花萼基部连成萼筒，呈钟形。花冠由5～6片分离的花瓣组成，基部合生。花瓣较少，颜色乳白。开花后4～5天，随着子房生长而逐渐脱落。雄蕊由5～6个花药组成，围生于雌蕊外面，与雌蕊的柱头平齐或柱头略高出花药，称为正常花或长柱花。辣椒花朝下开，花药成熟后开裂，花粉散出，落在靠得很近的柱头上，进行授粉。还有一种花，柱头低于花药，称为短柱花。短柱花因为柱头低于花药，花药开裂时大部分花粉不能落在柱头上，授粉机会很少，所以通常几乎完全落花。即使进行人工授粉，也往往由于子房发育不完全而结实不良、落花，因此生产上应尽量减少短柱花的出现。雌蕊由柱头、花柱和子房 3 个部分组成。柱头上有刺状隆起，便于黏着花粉。一旦授粉条件适合，花粉发芽，花粉管通过花柱到达子房，即完成受精，形成种子。与此同时，果实也发育膨大。辣椒花在开花后 4～5 天便萎蔫脱落。

5. 果实

辣椒果实属浆果。由子房发育而成，下垂或朝天生长。果实形状有扁柿形、长灯笼形、方灯笼形、长羊角形、长锥形、短锥形、长指形、短指形、樱桃形等多种形状。小的只有几克，大的可达 400～500g。果皮与胎座之间形成较大的空腔，果实有 2～4 个心室。辣椒果实从开花授粉至商品成熟需 25～30 天，呈绿色或黄色；生物学成熟约 50～60 天，呈红色或黄色。辣椒的辣味因品种差异而不同，一般，大型果实辣椒素含量极少，不带辣味，而果实越小越辣。

6. 种子

辣椒种子着生于果实的胎座上。成熟种子呈短肾形，扁平，浅黄色，有光泽，采种或保存不当时为黄褐色。种皮有粗糙的网纹，较厚，因而不及茄子种皮光滑，不如番茄种子好发芽。种子千粒重 6～7g。发芽能力平均年限为 4 年，使用适期年限为 2～3 年。

二、辣椒特性

辣椒喜温，生长的适宜温度为 15℃～30℃；对光照要求不很严格，相对于其他茄果类来说，其较能耐阴；辣椒不耐涝，对水分要求较严格，一般大果型需水较多，小果型需水较少；对土壤质地要求不高，多种土壤均能种植。

第二节　分类及品种

一、分类

辣椒分类方法较多，如按成熟期分为早熟、中熟、晚熟；按用途分为鲜辣椒、干辣椒、剁辣椒和观赏辣椒；按颜色分为青辣椒、红辣椒、黄辣椒及彩椒；按形状分为樱桃椒类、圆锥椒类、簇生椒类、长椒类、灯笼椒类。现沿用形状分类法，简要介绍其主要特征：

1. 樱桃椒类

叶中等大，圆形至卵圆形，或椭圆形；果小如樱桃，向上直立或斜生，为圆形、亚心形或扁圆形，呈红、黄或微紫色，极辣。

2. 圆锥椒类

植株矮，果实圆锥形，或圆筒形，多向上生长，味辣。

3. 簇生椒类

枝条密生，叶狭长，果实簇生而向上直立，细长，果肉薄，色红，极辣，如朝天椒。

4. 长椒类

植株长势较强，叶中等大，果实长圆锥形、牛角形、长羊角形，味辣。这种类型在栽培中用得最多，如湘研系列。

5. 灯笼椒类

植株长势强，叶厚，椭圆或卵圆形，花大，白色。果扁圆、椭圆或圆锥形、柿子形或钟形，先端凹陷，果皮常带红色或黄色纵沟。味微辣，带甜。如北方的甜椒。

二、适合长江流域以南栽培的主要辣椒品种

经过多年调查和观察，下列品种相对来讲比较适合长江流域以南栽培：

1. 种都极早 88F1

早熟，分枝性强，耐低温，果实为长灯笼形，果色深绿，果面光滑，有光泽，微辣，平均单果重 40g，大果 65g。该品种生长势强，适应性广，商品性好，是当前大棚及温室的首选品种，每 $667m^2$ 产 4000kg 以上。适应全国大部分地区春季保护地早熟栽培。10~11 月冷床育苗。翌年 2~3 月定植，地膜栽培则需断霜后定植。每 $667m^2$ 栽 4000~5000 株。

2. 苏椒 5 号

极早熟，特抗病，耐弱光，坐果能力强。果实膨大速度快，果特大，肉厚，果形美观，果淡绿色，辣味中等。果长可达 18~20cm，果粗 5~6cm，单果重可达 180g。红果鲜艳，不易发软，春、秋季均可在保护地栽培。

3. 天超 2 号

中熟，始花节位 9~11 节，易坐果，单株结果 60 个以上，每 $667m^2$ 产 3500~5000kg，高抗疫病和病毒病。果长牛角形，青果浅绿色，熟后鲜红色。果长 18~20cm，横径 2.8cm，肉厚 0.4cm，单果重 45g，果形端正，果面亮泽，辣味中等，耐贮运，烂果少，光泽仍存，长羊角形。

4. 伏地尖

湖南省早熟栽培主要品种之一，植株较矮，分枝多，始花节位低，果实角形，稍扁而短，先端尖，微弯曲，单果重 10g 左右。耐寒，耐肥。

5. 超级辣妹子 F1

国内最具优势的极早尖椒品种，分枝强，挂果多，产量高；果色绿，椒条顺直，果面光亮，色泽好，果长可达 20cm，粗约 1.3～1.5cm。辣味浓，口感好，红果鲜亮，既可鲜食，也可加工及制干，综合性状表现突出。

6. 辛香 2 号

江西农望高科技有限公司出品。极早熟，上市快，辣味浓，抗病性强，产量高，耐运输，商品性好，大棚、露地栽培均可，适合大规模基地使用。株形紧凑，株高 48cm，株幅 54cm，分枝力强，节间短，坐果率高，果多而齐。果色淡绿，熟后鲜红，肉质光亮，辣味浓而香，果长 16cm，果宽 2.0cm，耐弱光，耐寒，抗灰霉病、炭疽病、疫霉病、枯萎病及细菌性斑点病。每 667m² 产鲜椒 3300kg。

7. 长辣早尖 F1

早熟，细羊角椒，是早春大棚、小拱棚、露地主栽丰产品种。高抗病，坐果集中，不易落花，坐果期长，果长可达 20cm，果肩宽约 1.5cm。以辣味浓、果形美、熟性早、产量高而著称，味香辣，干鲜两用，效益高。

8. 香辣王

早中熟，细长羊角尖椒，果面较光滑，果色绿，果长 23～28cm，果粗 1.5cm 左右。辣味浓，抗病强，产量高，红果鲜亮，为鲜椒、红椒、干椒三用型品种。

9. 汴椒 7 号

开封市辣椒研究所最新高抗病毒病，特耐贮放的春秋兼用型辣椒新品种。中早熟，果长 18～20cm，辣味浓，果色深绿发亮，红果鲜艳，适宜秋延和早春种植，比汴椒 1 号产量高，椒条长。

10. 超越 208BF1

四川种都种业公司最新杂交品种，早熟性突出，大果，坐果力强，果长 20～25cm，果粗 5～7cm，单果重 180～200g，辣味适中。青果绿色，果面光滑，腔小肉厚，商品性好，耐运输，适宜保护地或露地栽培。

11. 湘椒 21 号（原名湘研 13 号）

微辣型，大果，丰产，杂交种。特征特性：湘研 3 号的替代品种，除保留了湘研 3 号的优点外，果变大，肉变厚，产量增加。果实粗牛角形，绿色。栽培要点：本品种耐湿、耐热力强，耐寒力一般，不耐旱，宜在远郊、江河沿岸、土层深厚的沙质土壤地区做丰产栽培，更能发挥该品种果大、肉厚、高产的优点。株行距可参考 45cm×55cm。

12. 湘椒 18 号（原名湘研 16 号）

辣味型，晚熟，丰产，杂交种。特征特性：湘研 6 号的替代品种，除保留了湘研 6 号的优点外，果肉明显变厚，抗病、抗逆性、挂果能力显著增强。晚熟性好。果实粗牛角形。栽培要点：可做返秋栽培。宜在江河、湖泊沿岸等土层深厚地区做晚熟丰产栽培，亦可做秋椒栽培，株行距可参考 50cm×60cm。

13. 湘椒 16 号（原名湘研 19 号）

专用型，早熟，丰产，杂交种。特征特性：湘研 9 号的替代品种，除保留了湘研 9 号的优点外，抗病性增强，产量增加，果实增大，果肉变厚，空腔缩小，耐贮运性提高。果实长牛角形，果形直，皮光无皱。辣味适中。栽培要点：本品种较耐寒、耐热，适应于辣椒北运基地栽培，可供嗜辣地区做早熟、丰产栽培，株行距可参考 45cm×55cm。

14. 新椒 1 号

河南红绿辣椒种业有限公司杂交品种。中早熟，株高 55cm，株幅 57cm，第 9～11 节始花。果实粗牛角形，长 16～18cm，粗 5.5cm，单果鲜艳，果肉厚，耐贮运。辣味适中，高抗病毒病，每 667m² 产鲜椒 4000～6000kg。

15. 渝椒 5 号

重庆科学种苗有限公司出品，早中熟，株型紧凑，脆嫩化渣，微辣。果长牛角形，单果重 60g，抗逆型强，特耐热，坐果率高，每 667m² 产鲜椒 5000kg，适合秋栽及南菜北送。

16. 长利尖椒

江西宜春良种研究中心出品，耐寒，耐热，抗病性强，特长特辣，株高 55～60cm，开展度 50～55cm，果长 22～25cm，肩宽 2cm。果皮光滑，嫩果青绿色，熟果大红色，结果多，后劲足。单枝结果 100 个以上，每 667m² 产 4000kg，是喜辣地区栽培的首选品种。株行距为 40cm×55cm。10 月下旬采收，可采收至下霜。

17. 辛香 8 号

早熟，株高 55cm，株幅 56cm，分枝力强，连续坐果力强，果长 22cm，果宽 1.7cm，果多、齐，羊角形，采收期长。抗病毒病、疫病、枯萎病、疮痂病等，每 667m² 产鲜椒可达 3500kg，春秋兼用。

18. 宜椒 3 号

江西宜春良种研究中心出品，早熟，耐寒，耐热，抗病性强，株高 55～58cm，单果重 25～30g，单株结果 90 个。果长 25～28cm，肩宽 2～2.5cm，肉厚 2.5mm。果实长羊角形，嫩绿色，成熟果大红，辣味浓。肉质细嫩，水分中等，果面光滑，稍有皱，挂果多，采收期长，后期加强肥水管理，终收期可延长到霜降，每 667m² 产量可达 4000kg。

19. 今朝特长线椒

杂交一代。株高 75cm 左右，果长 27cm 左右，果肩 1.2cm 左右，鲜果绿色，熟果红色，有皱，色泽亮丽，辣味适中。红椒果实集中在中、下部，鲜椒连续坐果性强，营养丰富。商品性佳。早熟，抗病，丰产，正常栽培条件下，每 667m² 产干椒 500kg，宜华北、东北、西北、华中、西南等地区种植，是湘、川菜必备佳品。

20. 天宇 5 号朝天椒

该品种是从韩国引进的利用太空育种技术培育出的杂交一代朝天椒新品种，与以前广泛种植的从日本引进的常规品种天樱椒相比，其产量及抗病力有极大的提高。天宇 5 号属中熟品种，一代杂交优势显著，生长旺盛，株高达 1.2～1.5m，单株分枝 7～10 个，果实簇生，每簇 6～7 果，果实上冲，果径粗 0.6cm，果长 5～6cm，果形圆直，颜色浓红，辣度极高。结果集中，熟性一致，易干制，利于采收。深受东南亚消费市场的欢迎，收购价及出口价都高于常规种。对枯萎病、病毒病抗性好。结果性强，单株结果 200 个以上，最多 700 个，每 667m² 产干椒 500～600kg，比三樱椒、天樱椒增产 100%～120%。

21. 绿宝天仙

是美国阿特拉斯种子公司培育的朝天椒杂交新品种。该品种早熟，上市早。一代杂交优势强，长势旺，株高 65～75cm，株茎粗壮；果实密集，果长 4.5～5.5cm，果径 0.6cm 左右，单株结果 200 个左右；易于干燥加工，果实深红色，果面光滑，味浓辣，适于加工出口。干椒每 667m² 产 500kg 左右。抗热性较强，夏季生长良好，对辣椒疫病、炭疽病抗性突出，雨季抗倒伏性强，适于国内露地种植。

第三节　无公害栽培技术

一、辣椒早春塑料大棚栽培

通过塑料大棚保温，能使辣椒比正常春季露地栽培的辣椒提早半个月左右上市，这既丰富了菜篮子，又能增加单位面积的产值。其技术要点为：

1. 基地选择

参照茄子有关章节。

2. 品种选择

选择耐弱光、抗寒性强、抗病性好、商品性好、优质早熟高产的新优品种，如湘研 21 号、苏椒 5 号、汴椒 1 号、洛椒 4 号、宜椒 3 号等。

3. 培育壮苗

苗床选择与土壤消毒处理同茄子。播种前对种子进行消毒处理，催芽。冷床育苗应在 10 月中下旬播种，电热育苗可以推迟到 1 月上中旬。播种后覆盖地膜，厢面浇透水，然后在苗床上插上小拱棚，覆盖双膜。7～10 天后待辣椒苗有 80% 出土时，揭除地膜，晴天揭开小拱棚，两头通风，降低棚温，防止高脚苗。棚膜早揭晚盖，防霜冻。当幼苗 3～4 片真叶时，用 10cm×10cm 营养钵分苗假植。分苗用的营养土以沙壤土为好，拌入有机肥或磷、钾肥。分苗后浇透水，然后封严大棚 1 个星期左右，促使早缓苗活棵。活棵后逐步揭膜，进行炼苗。辣椒壮苗标准是节间短粗，叶片大而肥厚，深绿，有光泽，10 ～12 片真叶，并带有花蕾。

4. 适时定植

选择通风向阳、排灌方便、土层深厚、有机质含量高，近3年内未种植茄果类蔬菜的地方种植辣椒，并且周围环境能满足无公害蔬菜生产要求。提前整地做畦。厢面包沟 1.4m，深沟高畦，略呈龟背形。定植前 7～10 天铺好地膜，地膜紧贴畦面。2 月下旬至 3 月上旬，选晴天上午 9 时至下午 3 时定植。株行距 33cm×50cm。移栽时地膜开口要适中，带土移栽，栽后浇足定根水。1 周后发现缺苗的地方要及时补上。

5. 大田管理

温度：白天温度要求达到 24℃～28℃，高于 30℃时适度放风；夜间要求达到 15℃～20℃。夏季高温季节采用夜灌，降温保苗；多雨季节要及时排水防涝。

肥水：活棵后浇施稀粪水提苗。门椒采收后，结合追肥浇水。进入盛果期，晴好天气每 5 天浇 1 次水，使土壤经常保持湿润状态。辣椒开始坐果后每 667m² 随水施尿素 10kg 左右。盛果期，每采收 1 次追肥 1 次。同时每隔 7～10 天叶面喷施 1 次 0.5％磷酸二氢钾溶液。

光照：早春常遇连阴雨天气，气温低，湿度大，光照严重不足。在不降温增湿的前提下，进行补光。方法有 3 种：一是揭大棚上的覆盖物，上午 9 时揭去大棚上的草苫，尽量让幼苗见光，下午 3 时盖苫。若遇寒流则在中午揭苫，增加光照。二是张挂反光幕，在大棚中柱部位的上端，东西向横拉 1 根细铁丝，在顶部固定，把农用反光幕裁成 2m 长条，上端搭在铁丝上折过来，用曲别针别住，使之垂直于地面。也可把两幅反光幕用透明胶粘在一起，横着张挂。三是逐步敞棚。晴天时先敞大棚门，再敞大棚两头的裙膜，最后敞开整个大棚的裙膜。

植株调整：长势较弱的植株，门椒采收要适当提前，有利于中后期结果。对生长势较强的植株,实施修剪。辣椒合理整枝可增产 15%~20%。合理整枝的时间一般在 7 月下旬至 8 月上中旬,即第 1 茬辣椒果实已采摘完。整枝部位是植株的对椒以上的枝条。整枝方法:用比较锋利的修枝剪刀剪枝,修剪时宜选择晴天上午 9 时前后进行,并且剪口要光滑,以便伤口当天能愈合,减少病菌侵入。剪枝时,顺手剪去病虫害严重枝、前期结果过多的下垂枝、管理不当的折断枝。剪下的枝一起带出园外处理。

二、露地栽培

露地栽培是一种常规栽培,与大棚栽培配套,基本上可使辣椒实现周年供应。露地栽培技术要点是:

1. 品种选择

露地栽培辣椒品种要求耐寒、耐热、抗病、优质、丰产,商品性好。一般近郊选择早中熟栽培为主,品种有湘研 11 号、湘研 2 号、湘研 4 号、渝椒 5 号、宁椒 5 号等。远郊及特产区以中晚熟栽培为主,中熟品种有湘研 3 号、湘研 5 号、湘椒 21 号、长利尖椒等,晚熟品种有辛香 8 号、湘研 8 号、湘研 10 号、湘椒 21 号等。

2. 培育壮苗

播期:选择 12 月中下旬至翌年 1 月下旬,用大棚温床播种育苗。

营养土配制:播种床营养土配制为选用 1/3 的烤晒过筛园土＋1/3 的腐熟猪粪渣＋1/3 的炭化谷壳充分混合均匀。分苗床营养土配制为 2/4 的园土＋1/4 的猪粪渣＋1/4 的炭化谷壳混合均匀。播种前或分苗前对营养土进行消毒处理,即 1000kg 营养土用 40%福尔马林 200~300mL 对水 25~30kg 喷洒，适当翻动，用薄膜覆盖 5～7 天，或用该药液直接喷洒苗床，盖地膜闷土 5～7 天，敞开透气 2～3 天即可利用。

种子处理：先晒种 2～3 天或置于 70℃烘箱中干热消毒 72 小时，消灭附着在种子表面的病菌和病毒，然后将种子浸入 55℃温水中，经 15 分钟，再用常温水继续浸泡 5～6 小时，用 1％硫酸铜溶液浸 5 分钟，浸后用清水洗净。将种子置于 25℃～30℃条件下的培养箱、催芽箱中催芽。3～4 天后，约 70％左右的种子破嘴时即可播种。催芽时，还可在种子刚破嘴时，将其置于 0℃左右，低温下锻炼 7～8 小时后再继续催芽，以提高抗寒性。

播种：播种前先浇足底水，待水渗下后，耙松表土，均匀播种，盖消毒过筛的细土 1～2cm 厚，薄浇 1 层压籽水，拍实盖膜，搭建小拱棚。每 667m² 大田用种量 75g，每平方米标准床播种 150～200g。

苗期管理：①温度管理。播后，保持白天温度 28℃～30℃，夜间 18℃左右，床温 20℃，闭棚。在 70％幼苗出土后揭开地膜，白天温度降至 20℃～25℃，夜温 15℃～16℃，床温 18℃。注意防止夜间低温冻害，并在不受冻害的前提下加强光照，控制浇水，使床土"露白"，避免温度过高引起秧苗徒长。幼苗期，床温控制在 19℃～20℃。晴朗天气通风见光，维持床土表面半干半湿状态，"露白"前及时浇水。若床土湿度过大，可撒干细土或干草木灰吸潮，并适当进行通风换气。若床土养分不足，可在 2 片真叶后结合浇水喷施 1～2 次营养液，防治病虫害。分苗前 3～4 天适当进行秧苗锻炼，白天加大通风量，夜间温度控制在 13℃～15℃。②分苗管理。苗龄 30～35 天，3～4 片真叶时，选晴朗天气的上午 10 时至下午 3 时及时分苗，分苗间距 7～8cm。分苗宜浅，子叶必须露出土面。采用 10cm×10cm 营养钵分苗。先浇湿苗床，握住子叶，轻轻拔起小苗，假植到营养钵中。分苗深度以露出子叶 1cm 为准，立即浇压根水，盖严小拱棚和大棚膜，促进缓苗，晴天还要在小拱棚上盖遮阳网。③湿度管理。缓苗期，保证地温达 18℃～20℃，日温 25℃，加强覆盖力度，提高空气相对湿度。旺盛生长期，及时揭、盖薄膜。每隔 7 天结合浇水喷 1 次 0.2%复合肥营养液，特别是用营养钵排苗的，应加强水的管理，维持床土表面半干半湿状态，防止"露白"。加大通风量，即使是阴雨天气也要在中午短时通风 1～2 小时。发现秧苗徒长，可喷施 50mg/kg 多效唑抑制。定植前 7 天炼苗，夜温降至 13℃～15℃，应控制水分，逐步增加通风量，进行炼苗。

3. 整地施肥

栽培辣椒要选择地势高燥、排灌方便的田块，及早冬耕冻土，挖好围沟、腰沟、畦沟。黏重水稻田栽辣椒，最底层土块通常大如手掌，切忌湿土整地。应先晒田再深耕，细耙，深沟高畦，畦宽 1.4m，畦面中间高，两边低，成龟背形。每 667m² 施腐熟堆肥 2500kg＋过磷酸钙 50kg＋饼肥 100kg。

4. 及时定植

早熟品种 3 月下旬至 4 月上旬，中熟品种 4 月中下旬，晚熟品种可迟至 5 月上旬定植。移栽时尽量带土，少伤根。晴天定植。双行单株，株行距为早熟品种 40cm×50cm，中晚熟品种 50cm×60cm。地膜覆盖栽培定植时间比露地早 5～7 天，一般先铺膜，后定植。

5. 加强田间管理

及时中耕培土：定植成活后及时中耕 2～3 次，封行前进行一次大中耕，深及底土。然后培土。地膜覆盖的不进行中耕，中、晚熟品种植株高大，生长后期插扦竹竿固定植株。

追肥：浇水淡肥，轻施腐熟人畜粪水提苗。门椒坐住后每667m² 施人畜粪尿 500kg＋复合肥 10kg，1～2 次。每次采收后，每 667m² 施人畜粪 1000kg＋复合肥 10kg，必要时加尿素 10kg，共追 4～5 次。立秋和处暑前后各追施一次，每次施人畜粪尿 1000kg＋复合肥 20kg。地膜覆盖栽培宜采用“少吃多餐”的施肥原则，在门椒采收前后，进行第 1 次追肥，少量勤施，5 月底以前以追稀粪为主，6 月中旬至 8 月上旬以追复合肥为主。盛收期可根外追施 0.5％磷酸二氢钾和 0.3％尿素液肥。也可在垄间距植株茎基部 10cm 处挖坑埋施复合肥、饼肥，施后用土盖严。

灌溉：6 月下旬进入高温干旱期，可选晴天进行沟灌。灌水前要除草、追肥，要午夜起灌进，天亮前排出，尽可能缩短灌水时间，进水要快，湿透心土后即排出。灌水逐次加深，第 1 次齐沟深 1/3，第 2 次 1/2，第 3 次可近土面，但不漫过土面。每次灌水相隔 10～15 天，以底土不现干，土面不龟裂为准。地膜覆盖栽培，定植后，在生长前期灌水量比露地小，中后期灌水量和次数稍多于露地。

降温措施：高温干旱前，在 6 月份雨季结束，辣椒已封行后进行地面覆盖，即在畦面覆盖一层稻草或秸秆，起保水保肥、降温、防止杂草丛生的作用，覆盖厚度为 4～6cm。

落花落果的防治：①落花落果的原因：辣椒落叶多出现在苗期、结果初期与结果盛期。引起落叶的原因主要是病害，如病毒病、炭疽病、灰叶病斑病、白粉病、疮痂病、疫病、早疫病、轮纹病等。栽培管理不当也会引起大量落叶，如雨水过多，田间湿度过大，出现“沤根”，浇肥过浓，营养和水分不足，秧苗徒长少根，移栽技术不当，久晴干旱，烈日下突然浇水或下暴雨，激素使用不当等均会引起落叶。另外，温度过高

（35℃以上）或过低（15℃以下）均会引起落花落果。②防治措施：一是与茄科作物实行 3～5 年的轮作。二是及时清除病残体，并将其集中烧毁或埋入深土。三是采用营养钵育苗、地膜覆盖等措施保护根系，深沟高畦，窄畦栽培，培养壮苗，合理密植。四是按需施用氮、磷、钾肥，尤其氮不能过多或过少。五是控制水量和灌溉时机。六是早播种，早定植。选用杂交一代良种，种子处理可采用温汤浸种，浸后及时用冷水降温，晾干后播种，或用 10％磷酸三钠浸 20～30 分钟，洗净催芽。或用 1％硫酸铜溶液浸种 5 分钟，捞出后投入 1％肥皂水中，洗净后再催芽播种。七是及时防治病害。八是温度过低、过高时在开花时用 30mg/kg～40mg/kg 番茄灵喷花，以减少落花落果。

三、辣椒大棚秋延后栽培技术

1. 品种选择

秋延后栽培辣椒应选用耐高温和低温，抗病、生长势强，结果集中，果大肉厚，成熟果实红色鲜艳的品种。如湘研 10 号、洛椒 4 号、辛香 8 号、湘研 16 号等优良品种。

2. 适时育苗

育苗期多在 7 月下旬至 8 月上旬，宜在"一网一幕"的防雨棚下进行育苗。

苗床准备：选排灌方便、通风良好、有机质丰富的地块，深翻，施足底肥，整平后做成连沟 1～1.2m 宽的高畦。然后每平方米苗床用 50％福美双可湿性粉剂 10g，均匀撒布在 5～10cm 深的苗床土中，整平畦面备用。

种子消毒：每 667m^2 大田用种 80g 左右，播种前应进行种子消毒，具体方法是：先把种子放在通风弱光下晾晒 4～6

小时，再用 55℃ 的温水浸种 15～20 分钟，并不断搅拌，再转入常温水下浸种 2～4 小时，捞出后再用 10% 磷酸三钠水溶液浸泡 20 分钟，捞出反复清洗后即可播种。

播种：整平畦面，浇足底水，均匀播籽，覆土厚 0.8cm，床面盖旧塑料农膜或旧网保湿。幼苗期缺水，可用喷壶于早晚浇水，并注意病虫防治。

假植：播种后 20 天左右，2～3 片真叶时，在晴天傍晚或阴天移苗，边移苗边浇定根水。定植前 5～7 天，揭去遮阳网炼苗，以使苗适应露地环境。

苗期管理：遮阳网要日盖晚揭，晴盖阴雨揭。要始终保持苗床湿润但不积水，用清水浇苗。

3. 及时定植

整地施肥：每 667m² 施腐熟土杂肥 4000～5000kg 或饼肥 100～200kg＋氯化钾 10kg＋优质复合肥 20～30kg＋稀人粪尿 1500～2000kg。深翻，土肥混匀后在 6～8m 宽大棚内做 4 畦，中间沟宽 40cm，深 15cm。

定植：9 月上旬幼苗 8～10 片真叶，苗高 17cm 时定植。壮苗标准是：刚现蕾分权，叶色深绿，茎秆粗壮，根系发达，无病虫危害。选阴天或晴天下午定植，株行距 30～35cm 见方，栽后浇足定根水，并及时铺地膜，保湿促苗发。

4. 田间管理

秋延后辣椒要在 9 月上旬至 10 月中旬结果，10 月下旬至 11 月维持大棚适宜温度，促使辣椒充分膨大，12 月保温防冻，到元旦、春节上市销售，才能取得较高的经济效益。

大棚管理：辣椒生长最适宜的温度为白天 24℃～28℃，夜间 15℃～18℃。10 月上、中旬夜温低于 10℃ 时，应盖上大棚薄膜，即扣棚。扣棚要逐步进行，切不可一下子将全棚扣严。初期裙棚可敞开，至 11 月中、下旬夜间不再通风，将棚扣严，防寒保温。白天气温高于 30℃，在棚膜上加盖遮阳网，加大通风量。在白天气温稳定在 28℃ 以下时，揭掉大棚膜上的遮阳网。11 月中旬第 1 次寒潮之来之前，棚内及时搭好小拱棚，夜间气温 5℃ 时，小拱棚膜上再覆盖草帘。12 月以后，最低气温可达 -2℃，在小拱棚上覆一层草帘，然后再盖棚膜，再在上面覆盖草帘，这样既保温，又可防止小棚膜上的水珠滴到辣椒上而造成冻害。一般上午 9 时，揭开小拱棚上覆盖物，下午 3 时盖上，保温。

水肥管理：秋延后辣椒施肥以基肥为主，看苗追肥。追肥以优质复合肥为好，随水浇施，一般每次每 667m² 大棚中用 10kg，分别在定植后 10~15 天和坐果初期追施。棚内土壤保持温润，切忌忽干忽湿和大水漫灌。11 月中旬以后，以保持土壤和空气湿度偏低为宜。

植株调整：将门椒以下的腋芽全部摘除。植株生长势弱的，应及时摘掉第 1~2 层花蕾，以促进植株营养生长，确保每株都能多结果，增加产量。10 月下旬到 11 月上旬摘心打顶，减少养分消耗，促进果实膨大。摘顶心时果实上部应留两片叶。

四、干辣椒高产高效栽培技术

干辣椒是一种重要的调味品，又是外贸出口的重要农副产品之一，在湖南、四川、福建、广西等地有专门生产干辣椒的基地。主要栽培技术如下：

1. 品种选择

干辣椒品种除要求抗病、丰产外，还要求一是果实颜色鲜红，加工晒干后不褪色；二是有浓香的辛辣味；三是干物质含量高。适合的品种有辛香 8 号、香辣王、8819、天宇 5 号等。

2. 栽培季节

辣椒除不宜与茄科作物连作以外，对前后作物没有严格的要求。干辣椒栽培 11 月中下旬播种，小拱棚育苗，3～4 月份定植。

3. 育苗

育苗有露地育苗和保护地育苗两种。播种前进行温汤浸种、催芽，及时间苗，培育壮苗，提早定植，使其在 7～8 月份高温干旱以前有较多产量。露地育苗的苗龄在 60 天左右，若苗龄过大，移栽期推迟，开花挂果晚，单产较低。因此多数地区采用保护地育苗。保护地育苗有酿热物温床育苗和薄膜覆盖冷床育苗两种方式。一般采用温室、温床播种，播种温床保持床温在 20℃以上。苗龄以 8～10 片真叶展叶为标准，在 60 天左右为宜。

4. 定植密度

干辣椒要增加产量，主要是增加合理密植株数及单株结果数。由于单果重差异不大，因此适当密植是增产的重要措施之一。干辣椒的栽培方式有单作和间作两种。少数菜地采用套作。单作多采用单垄，单行穴栽。垄宽 1.2m，株行距 25cm×50cm。每 667m^2 栽植 4500 穴左右，每穴种植 3 株或分株栽"丁"字形，约 13000 株。

5. 施肥

干辣椒生产中，重施磷、钾肥做基肥，每 667m^2 用过磷酸钙 50kg，有机肥 2500kg，混匀后穴施或沟施。在定植后第 1 层花开放以前，要施足肥，浇足水，促进多分枝、多开花、多结果。除氮肥外，还要增施磷、钾。处暑后气温开始下降，开花挂果多，重施一次翻秋肥，促进早开花、早坐果、早红熟。辣椒主根不发达,需多次培土成垄,并防止倒伏。一般结合浅、中耕培土 3 次以上,培土高度在 16～26cm。

6. 水

一般定植后要浇足定植水,使松散土粒与根群密接,利于吸收水肥,加快活棵。夏季高温期要在傍晚灌水,降温保苗。多雨季节要及时排水防涝。

7. 防止落花落果

落花落果原因:温度过高或过低是引起落花的主要原因。早春开的花,由于温度过低,容易脱落;另一方面,如果偏施氮肥,造成植株徒长,也会引起落花。生长后期(7～8 月)的高温、干旱,也会引起落花、落果和落叶。水分失调,土壤过热、过干,或者排水不良,土壤空气过少,影响根系的吸收,甚至烂根,是引起落果与落叶的生理原因。

防止措施:①选用抗病、抗逆性(耐高、低温和耐寒、耐涝)强的优良品种;②合理密植,保持良好的通风透光群体结构;③合理施肥、灌溉,特别在炎热干旱的季节,要及时追肥、灌水,保证肥水充足,并按需要施用氮、磷、钾三要素肥料,特别是氮素肥料,不可过多或过少;④及时防治病虫害。

第四节　病虫害无公害防治技术

一、辣椒病虫害防治原则

辣椒病害防治原则参见第一章。

二、辣椒病虫害防治主要方法

辣椒病害主要有猝倒病、疫病、炭疽病、灰霉病、疮痂病、病毒病等，要注意及时对症防治。虫害主要有蝼蛄、蚜虫、小菜蛾、棉铃虫、茶黄螨等，也要尽早用药。防治方法主要有：

1. 床土消毒

参见第一章茄子床土消毒。

2. 种子消毒

种子经 55℃ 温水浸种 30 分钟，防治辣椒疫病，清水预浸10～12 小时后，用 1％ 硫酸铜液浸种 5 分钟，捞出后拌少量草木灰；也可用 72.2％ 普力克水剂或 58％ 甲霜灵锰锌 600～800倍浸种 12 小时，洗净后晾干催芽。防治辣椒菌核病，按种子重量 0.2％～0.4％ 的量加入 50％ 多菌灵可湿性粉剂，或 50％扑海因可湿性粉剂，或 60％ 防霉宝超微粉拌种，使药种均匀混附在种子表面后播种。防治辣椒炭疽病，也可先将种子在冷水中预浸 10～12 小时，再用 1％ 硫酸铜浸种 5 分钟，或 50％多菌灵可湿性粉剂 500 倍，浸种 1 小时；也可用次氯酸钠溶液浸种，在浸种前先用 0.2％～0.5％ 的碱液清洗种子，再用清水浸种 8～12 小时，捞出后置入配好的 1％ 次氯酸钠溶液中浸5～10 分钟，冲洗干净后催芽播种。防治辣椒病毒病，种子用10％ 磷酸三钠浸种 20～30 分钟后，洗净催芽。

3. 土壤消毒

用 50％ 多菌灵或 75％ 敌克松可湿性粉剂，每平方米 10g，拌细干土 1kg，撒在土表，或耙入土中，然后播种；也可选用40％ 福尔马林每平方米用药 20～30mL 加水 2.5～3L，均匀喷洒于土面上，充分拌匀后堆置，用潮湿的草帘或薄膜覆盖，闷2～3 天以充分杀灭病菌，然后揭开覆盖物，把土壤摊开，晾15～20 天，待药气散发后，再进行播种或定植。

4. 物理防治

为预防病毒病的发生，在高温季节用遮阳网、防虫网覆盖苗床或栽培场地。实行与葱蒜类蔬菜 3～5 年轮作等。

5. 植株施药

辣椒疫病：①药剂喷洒或灌根，前期主要在发病前喷洒植株茎基和地表，防止初侵染；进入生长中后期以田间喷雾为主，防止再侵染；田间发现中心病株后，喷洒与浇灌并举。及时喷洒和浇灌 50%甲霜铜可湿性粉剂 800 倍液、70%乙磷·锰锌可湿性粉剂 500 倍液、72.2%普力克水剂 600～800 倍液，或喷施 58%甲霜灵·锰锌可湿性粉剂 400～500 倍液、64%杀毒矾可湿性粉剂 500 倍液、60%琥·乙磷铝可湿性粉剂 500 倍液。②烟熏法或粉尘法，即于发病初期用 45%百菌清烟雾剂，每 667m² 1 次 250～300g 熏烟，或 5%百菌清粉尘剂，10 天左右 1 次，轮换用药防治 2～3 次。

辣椒菌核病：①药剂喷雾。发病后喷施 50%多菌灵或50%甲基硫菌灵可湿性粉剂 500 倍液、50%农利灵可湿性粉剂 1000 倍液、40%菌核净可湿性粉剂 600 倍液，10 天左右 1 次，轮换用药防治 2～3 次。②熏蒸防治。棚室也可选用 10%速克灵烟雾剂或 45%百菌清烟雾剂，每 667m² 每次 200～250g 熏蒸，10 天左右 1 次，轮换用药防治 2～3 次。

辣椒炭疽病：发病初期开始喷洒 50%多菌灵悬浮剂 500倍液、70%甲基硫菌灵（甲基托布津）可湿性粉剂 600～800倍液、50%苯菌灵可湿性粉剂 1400～1500 倍液、80%炭疽福美可湿性粉剂 800 倍液、50%多·硫悬浮剂 600 倍液喷施，7～10 天 1 次，轮换防治 2～3 次。

辣椒叶枯病：发病初期开始喷洒 64%杀毒矾可湿性粉剂 500 倍液、50%甲霜铜可湿性粉剂 600 倍液、50%多·硫悬浮剂 600 倍液、50％多菌灵或甲基硫菌灵可湿性粉剂 500 倍液、58％甲霜灵·锰锌可湿性粉剂 500 倍液。

辣椒灰霉病：①棚室熏蒸，可选用 10％速克灵烟雾剂，每 667m² 每次 250～300g 熏烟，隔 7 天 1 次，交替熏蒸 2～3 次，也可喷撒 5％百菌清粉尘剂，每 667m² 每次 1kg，每 10 天 1 次，交替防治 3～4 次。②药剂喷施，可用 50％扑海因可湿性粉剂 1500 倍液、50％速克灵可湿性粉剂 2000 倍液、60％多菌灵超微粉 600 倍液或 50％甲霜灵可湿性粉剂 1000 倍液加 50％扑海因可湿性粉剂 2000 倍液，叶面喷施。

辣椒软腐病：①生物防治，雨前雨后及时喷洒 72％农用硫酸链霉素可溶性粉剂溶液或新植霉素 4000 倍液。②化学防治，可用 50％琥胶肥酸铜可湿性粉剂 500 倍液、77％可杀得 1000 倍液喷施。③防虫治病，及时喷洒杀虫剂，防治烟青虫等蛀果害虫。

辣椒疮痂病：①生物防治，雨前雨后及时喷洒 72％农用硫酸链霉素可溶性粉剂 400 倍液，或新植霉素 4000 倍液。②化学防治，可用 50％琥胶肥酸铜可湿性粉剂 500 倍液、77％可杀得 101 可湿性微粒粉剂 500 倍液、14％络氨铜水剂 300 倍液喷施。③防虫治病，及时喷洒杀虫剂，防治烟青虫等蛀果害虫。

辣椒病毒病：①防蚜治病，蚜虫防治请参照茄子蚜虫防治部分。②药剂喷施，可用 20％病毒 A 可湿性粉剂 500 倍液、1.5％植病灵乳剂 1000 倍液，或 NS-83 增抗剂 100 倍液，或抗毒剂 1 号 300 倍液，每 10 天左右 1 次，轮换用药防治 3～4 次。

第五节　采收与加工

一、采收

采收标准因用途不同而不同。食用青椒在花后 25～30 天，当果实充分膨大，绿色变深，质脆而有光泽，达到农药和肥料的安全间隔期要求时即可采收。果实近 7 成红左右时，采收红椒。当果实全变为深红，近萼片的一端也变红时，采收干椒。一般每 667m² 产鲜椒 1000～2500kg，晒干后为 150～250kg，高产的可达 500kg，晒干率为 15％～20％。一般在晴天下午采摘。采收时最好用剪刀或刀片，连同果柄上的节一同剪下，减少机械损伤。剔除病果、虫果和伤果。采后避免长时间在太阳下曝晒，否则影响品质，降低商品性。

无公害辣椒质量标准参照第一章有关内容。

二、加工

传统的辣椒加工产品较多，如辣椒酱、辣椒油、酱青辣椒和泡辣椒等，随着蔬菜加工的发展，辣椒在食品工业及制药中作用越来越大。现简要介绍几种：

1. 辣椒酱

选成熟新鲜的红色辣椒为原料，剪去蒂把，倒入清水中，用竹竿不断搅拌，洗去黏附的泥沙等污物，捞起沥干，倒入电动剁椒机剁碎，加盐腌制。一般鲜红辣椒每 100kg 加盐 10～15kg、明矾 0.1kg 混匀，装入泡菜坛，约 10 天后即可食用。另外，在辣椒里面还可加入花椒、五香粉、麻油、姜丁、蒜米、味精、豆豉等，使其味道更加独特。

2. 辣椒油

选辣椒果鲜红的干椒为原料，去蒂和籽，用水洗净沥干，将干辣椒和植物油按 1∶10 的比例取油入锅内，加热，待油冒浓烟时将锅从火上撤离，稍凉一会儿，将沥干水的干辣椒倒入锅内，用筷子翻动，使其受热均匀。等油凉后，捞出辣椒，剩下的油即为辣椒油。

3. 酱青辣椒

选无虫伤、无病斑、无烂籽的青辣椒洗净，晾干后放入缸中，一层辣椒一层盐，最后用重物压紧辣椒。一般每 100kg 鲜辣椒加盐 16kg，腌制 3 天后，将盐卤水沥出，煮沸后摊凉，再连同辣椒装入坛内封闭，放阴凉处 5～10 天即可食用。

4. 辣椒芝麻酱

取辣椒 10kg、芝麻 1kg、盐 1kg、五香粉 300g、花椒和八角各 100g。将辣椒、芝麻粉碎，与花椒、八角、五香粉及盐一并入缸，充分拌匀后储藏，随吃随取。

5. 豆瓣辣酱

取鲜辣椒 10kg、豆瓣酱 10kg、盐 500g。将辣椒洗净，去蒂，切碎，放入缸中，加盐，与豆瓣拌匀，每天翻动 1 次，约 15 天后即成。

6. 酸辣椒

取鲜辣椒 10kg，米醋、姜末、蒜米、山胡椒各 20g。先将辣椒洗净，用开水烫软后捞起，沥干，装缸，然后加入米酒、姜末、蒜米、山胡椒及凉开水（水高于辣椒 10cm），密封腌渍，约 60 天后即成。

7. 泡红椒

取大红椒 10kg、盐 1.5kg、白酒 100g、红糖 250g、花椒和八角各 15g。选择新鲜、肉厚、无伤烂、带蒂的大红辣椒，连同各种调料均匀放入坛中密封，约 10 天后即成。

8. 干辣椒

晴天午后，采摘充分红熟后的辣椒，剔除病虫果及有机械损伤的果实，将干净的竹席或草席放在干燥的水泥晒场，将辣椒摊开晾晒，日晒夜收，持续 4～5 天，再架空摊晒 1～2 天，直到水分下降到 14% 以下，冷却后装袋保存。遇阴雨天气，必须架空摊晒。规模种植或加工厂可以采用干燥箱或其他干燥设备进行加工。

第三章　番　茄

　　番茄（*Lycopersicon esculentum*）原产于南美洲秘鲁、厄瓜多尔、玻利维亚等国的热带雨林中，到 20 世纪中后期几乎遍布世界各国。在我国，番茄种植已有 300 多年历史。20 世纪 80 年代后，随着日光温室、大中小棚等设施栽培的发展，基本实现了全年生产、均衡上市的局面。番茄营养价值高。据测算，每 100g 番茄中含糖 3～5.5g，有机酸 0.15～0.75g，矿物质 0.5～0.8g，维生素 A0.27mg，维生素 C18.5～25mg。番茄生食、熟食均可，可炒、可做汤、凉拌、糖渍、盐渍、制酱、制罐和制作饮料。番茄性寒，味甘酸，生津止渴，凉血养肝，清热解毒，可辅助治疗高血压、败血病、肝病、牙龈出血等。番茄中的有机酸能软化血管，促进对钙、铁元素的吸收；所含的糖多为果糖、葡萄糖，易被吸收，护肝养心；纤维素可以促进排泄，预防肠癌。有机酸还能帮助胃液对脂肪和蛋白质的消化吸收。番茄素能利尿、消炎。由此看来，番茄是一种利用价值非常高的蔬菜，具有广阔的开发前景。

第一节　形态特征及特性

一、番茄形态特征

1. 根

　　番茄根系比较发达，分布广而深。盛果期主根深入土中

1.5m 左右，根系扩展幅度可达 2.5～3.0m，但育苗移植的大部分根群分布在 30～50cm 土层中。番茄根系发生不定根能力很强，不仅主根上易生侧根，在茎上特别是茎节上也很容易发生不定根，而且伸展很快。在良好的生长条件下，不定根发生后 4～5 周即可长达 1m 左右，所以番茄移植或定植后容易成活。

番茄根系生长适宜的土温为 20℃～23℃，在 13℃ 以下生长缓慢，8℃～10℃ 根毛停止活动，4℃～5℃ 时吸收受阻。栽培中需多次进行中耕松土或采取地膜覆盖，创造有利于根系发育的土壤环境条件。番茄根系的生长与地上茎叶的生长联系非常大。总根数多，植株生长好；根数少，生长就差。生产中采用"蹲苗"、深耕、重施有机肥等措施，通过促进根系发育达到促进全株生长的目的。

2. 茎

番茄茎为半直立或半蔓性，颜色有紫色和绿色，其木质化程度差。番茄茎的分枝能力强，每个叶腋均能产生侧枝，且侧枝生长势很强。番茄茎易产生不定根。正常情况下番茄茎的粗度上下部比较一致，节间较短。植株徒长时节间过长，茎从下至上逐渐变粗；相反，老化植株节间过短，从下至上逐渐变细。茎的长度因品种、栽培方式、整枝方式不同而差异较大。有限生长型（自封顶类型）品种的茎长一般是 0.5～2.0m。无限生长型的茎长随整枝方式不同而不同，一般留 3 穗果打顶的茎长 0.5～0.8m，5 或 6 穗果打顶的可达 1.0～1.5m，一年一季越夏栽培的留果 10～15 穗，茎长可达 2.0～2.5m。北方地区日光温室周年生长的番茄，茎长可达 2～4m 或更长。国外温室栽培配套品种有的茎长可达 10m 左右。

3. 叶

番茄的叶是由小叶组成的形状不规则的羽状复叶。叶片大小相差悬殊，长度在 15～45cm，中晚熟品种叶片大，直立性较强，小果品种叶片小。

番茄的叶型分为 3 种类型：①普通叶型。叶片大，小叶之间距离大，缺刻较深，绝大多数的番茄品种属于这一类型。②直立型（皱缩叶型）。叶片较短，小叶之间排列紧密，叶片宽厚而多皱缩，颜色深绿。③大叶型（薯叶型）。小叶大而长，叶缘无缺刻，似马铃薯叶型。番茄叶片大小、形状、颜色等因品种及环境条件的不同而异，既是鉴别品种的特征，也可作为生育诊断的依据。如一般早熟品种叶片较小，晚熟品种叶片较大；露地栽培番茄叶色较深，温室及塑料棚内栽培的番茄往往叶色较浅；低温下叶色发紫，高温下小叶内卷等。番茄叶的丰产形态为叶片似长手掌形，中肋及叶片较平，叶色绿，叶片较大，顶部叶正常展开。生长过旺的植株叶片呈长三角形，中肋突出，叶色浓绿，叶大。老化株叶小，暗绿或浓绿色，顶部叶小型化。番茄叶片及茎均有茸毛和分泌腺，能分泌出具有特殊气味的汁液，很多害虫对这种汁液气味有忌避性，有利于番茄抗病。

4. 花

番茄花为完全花，总状花序或复总状花序。花序着生于节间，花黄色。每个花序上着生的花数品种间差异很大，一般栽培品种多为 5～8 朵，个别小果品种可达 20 朵以上。番茄开花结果习性，按花序着生规律可分为有限生长和无限生长两种类型。有限生长型品种一般主茎生长至 6 或 7 片真叶时开始着生第 1 花序，以后每隔 1 或 2 叶形成 1 个花序，通常主茎上发生 2～4 层花序后，花序下位的侧芽停止发育，形成"封顶"现象。无限生长型品种在主茎生长至 8～10 片叶，有的晚熟品种长至 11～13 片叶时出现第 1 花序，以后每隔 2 或 3 片叶着生 1 个花序，条件适宜可不断着生花序，开花结果。

5. 果实

番茄的果实为多汁浆果。番茄果实的大小相差很大，一般单果重 70g 以内为小型果，70～200g 为中型果，200g 以上为大型果。果实呈深黄色、粉红色、橙红色。番茄果实的发育需经历 3 个阶段。番茄从开花到果实成熟一般需 50～60 天，夏季高温季节需 40～50 天，冬季低温弱光季节（保护地内）需 75～100 天。

6. 种子

番茄种子为扁平短卵形，在一端的边缘有 1 个向内凹陷的种脐，种子外表面覆以粗毛，呈灰褐色或黄褐色。番茄种子由种皮、胚乳和胚组成，是有胚乳的种子。番茄种子比较小，长 4.0mm 左右，宽 3.0mm 左右，高 0.8mm 左右，千粒重 2.7～4.0g。番茄种子寿命 4～6 年，生产上利用年限为 2～3 年。

二、番茄对环境的要求

番茄具有喜温、喜光、耐肥及半耐旱的生物学特性，在春秋气候温暖、光照较强而少雨的气候条件下，肥水管理适宜，营养生长及生殖生长旺盛，产量较高。而在多雨炎热的气候区容易引起植株徒长，生长衰弱，病虫害严重，产量下降。

1. 对温度条件的要求

番茄是喜温性蔬菜，在正常条件下，同化作用最适宜的温度为 20℃～25℃，温度低于 15℃，不能开花或授粉受精不良，导致落花等。不同生育时期对温度的要求及反应是有差别的。种子发芽的适温为 28℃～30℃，最低发芽温度为 12℃左右。

幼苗期白天适温为 20℃～25℃，夜间为 10℃～15℃。在栽培中往往利用番茄幼苗对温度的适应性较强的特点，在一定条件下对其进行抗寒锻炼，这样可以使幼苗忍耐较长时间 6℃～7℃的温度，甚至短时间的 0℃～3℃的低温。开花期对温度反应比较敏感，尤其是开花前 5～9 天及开花当日及以后 2～3 天时间内要求更为严格。白天适温 20℃～30℃，夜间为 15℃～20℃，过低（15℃以下）或过高（35℃以上）都不利于花器的正常发育及开花。结果期白天适温为 25℃～28℃，夜温为 16℃～20℃，温度低，果实生长速度慢。日温增高至 30℃～35℃时，果实生长速度较快，但着果数较少；夜温过高不利于营养物质积累，果实发育不良。26℃～28℃或以上的高温能抑制茄红素及其他色素的形成，影响果实正常转色。

番茄根系生长最适土温为 20℃～22℃。提高土温不仅能促进根系发育，同时能使土壤中硝态氮含量显著增加，生长发育加速，产量增高。因此，只要夜间气温不高，昼夜地温都维持在 20℃左右，也不会引起徒长。在 5℃条件下根系吸收养分、水分受阻，9℃～10℃时根毛停止生长。

2. 对光照条件的要求

番茄是喜光性作物，充足的阳光不仅有利于植物的光合作用，而且对花芽分化和结果都是有利的。较强的光照可使花芽分化较早，花序的着生节位也较低，不容易落花，因此，开始采收较早，早期产量也较高。反之，则引起落花，而且果实生长缓慢，产量也较低。保护地栽培或密度过大时，往往光照不足，所以，在育苗及栽植时，需要保证植株有足够的生长空间，通过品种选择、合理密植、整枝搭架等措施调节群体的光照条件，以充分利用自然光照，但光照过强，特别是夏季常引起病毒病的发生，果实也容易感染日灼病。

3. 对水分条件的要求

水分是番茄的重要组成部分，果实中有 90％以上的物质是水分。水又是番茄进行光合作用的主要原料和营养物质运转的载体。番茄植株高大，叶片多，果实多次采收，对水分需要量很大，要求土壤湿度在 65％～85％，在湿润的土壤条件下生长良好。

番茄不同生长发育时期对水分的要求不同。发芽期种子需吸收种子干重 92％以上的水分才能充分膨胀、发芽生长。播种后要求土壤湿度在 80％以上，出苗后土壤湿度应降低至65％～75％，以免植株徒长，发生病害。在开花期，为了促进根系生长发育，增加土壤透气性，宜勤中耕并控制灌水，如果土壤水分过多，植株易徒长，根系发育不良，造成落花。结果期应增加土壤水分以促进果实膨大，这个时期若缺少水分则生长缓慢，落花落果，并且容易感染病毒病。所以，在番茄结果期应经常保持土壤湿润，每周需灌溉 1 次，不要使土壤时干时湿。特别是土壤干旱后突然遇到大雨，容易发生大量裂果。番茄结果期不耐涝，田间积水 24 小时易使根部缺氧而窒息死亡，所以，大雨后田间如有积水，应及时排除。

空气相对湿度以 50％～60％为宜。空气湿度过高，易使植株细弱，延迟生长发育，影响正常授粉，引起病虫滋生。所以，保护地设施生产番茄时，应特别注意通风换气，防止湿度过大，引发病害。

4. 对土壤条件的要求

番茄的根系发达，主要根群分布在 30cm 的耕作层内，最深可达 1.5m，根群横向分生的直径可达 1.3～1.7m。根系再生能力强，幼苗移栽后，主根被截，容易产生许多侧根，从而使整个根系的吸收能力加强，因此，番茄对土壤条件要求不严格。但肥沃的壤土更容易实现优质高产。

5. 对肥料及养分条件的要求

在各种果菜类蔬菜中，番茄是需肥量大的作物之一，除吸收大量的水分以外，还要从土壤中吸收氮、磷、钾、钙、镁等大量元素和硼、锰、锌、铝等微量元素，才能实现高产优质。据调查，每 667m^2 产番茄 5000kg，需要吸收氮 17kg，磷 5kg，钾 26kg。

第二节　分类及品种

一、分类及类型

番茄分类方法很多，如以成熟期的不同来分，在长江流域可以分为早熟种、中熟种及晚熟种。以生长季节的不同而分为春番茄、夏番茄、秋冬番茄或冬番茄。按植株生长习性的不同，可分为有限生长型及无限生长型。按果实的颜色，可以分为大红、粉红及黄色等。按果实的大小，可以分为大果型及小果型。如按叶的形状大小，可以分为大叶种及普通小叶种等。按番茄利用方式的不同，可以分为加工品种及鲜食品种。按照进化关系的不同，番茄可分为栽培型亚种、半栽培型亚种和野生型亚种 3 个亚种，每个亚种又有许多变种。生产中应用的品种主要都属于栽培型亚种，可以分为以下 5 个变种：

1. 普通番茄

植株苗壮，分枝多，匍匐性，果大，叶多，果形扁圆，果色可分红色、粉红色、橙色、黄色等，该变种包括绝大多数的栽培品种。

2. 樱桃番茄

果实呈圆球形，果径约 2cm，有 2 个心室，果色有红色、橙色或黄色。

3. 大叶番茄

叶片大，叶缘光滑，似马铃薯叶，故又称薯叶番茄。蔓中等匍匐，果实与普通栽培番茄相同。

4. 梨形番茄

果实呈梨形，果色有红色、橙黄色。

5. 直立番茄

茎短而粗壮，分枝节短，植株直立，叶小色浓，叶面多卷皱，果柄短，果实扁圆球形。因能直立生长，栽培时无需立支架，便于田间机械化操作。

二、适合长江流域以南栽培的主要品种

根据番茄生物学特点及各地消费习惯，适合长江流域以南栽培的优良品种主要有：

1. 西粉 3 号

自封顶生长类型，早熟品种，一般着生 3 个花序后自行封顶。株高 55～60cm，生长势较强。第 1 花序着生在第 7 节上。果实圆整，粉红色，幼果有绿色果肩，单果重 115～132g。果肉厚，甜酸适中，商品性好。耐低温。高抗番茄花叶病毒病，中抗黄瓜花叶病毒病和早疫病。适宜保护地栽培。

2. 豫番茄 6 号

自封顶类型。株高 65cm，生长势强，叶色深绿，平展，6 或 7 片叶处着生第 1 花序，花序间隔 1 或 2 片叶，3 序花封顶。花量较大，坐果率高，成熟早且集中。果实近圆形，粉红果，色泽鲜艳，不易裂果，平均单果重 160g，品质佳。喜肥水，

既耐寒又耐热，生育期 160 天。高抗烟草花叶病毒病和晚疫病，中抗黄瓜花叶病毒病，耐早疫病和叶霉病。丰产潜力大，适宜早春露地、保护地以及夏秋栽培。

3. 宝岛巨星

北京普朗种子有限公司出品，有限生长型，株高 70cm，极早熟，成熟时期集中，前期产量高，对青枯病、病毒病有较强抗力。果实大红色，均匀，单果重 350g，耐贮运，鲜食味极佳，每 667m² 产 5500～8500kg。适合保护地和露地栽培，每 667m² 定植 3100～3600 株，双干整枝，喜肥水。

4. 中蔬 5 号

无限生长型，中熟品种。植株生长势强，坐果率高，每花序坐果 5～7 个，果形圆至高圆，果面粉红色，味酸甜适中，品质好，果实较大，单果重平均 150g 以上。前期产量高，抗烟草花叶病毒病。适宜设施园艺及露地栽培。

5. 中蔬 6 号

无限生长型，中熟品种。叶量较大，叶色深绿，生长势强。第 1 花序着生在第 8 或 9 节上，以后各花序间隔 3 叶，节间短。果实微扁圆形，红色，单果重约 147g。果皮较厚，裂果少，较耐储运，品质优良。高抗番茄花叶病毒病。适宜春、秋大棚栽培。

6. 中杂 8 号

无限生长型，中熟品种。叶量中等，生长势强。坐果率高，每序坐果 4～6 个。果实近圆形，幼果有深绿色果肩，成熟果红色，果实均匀一致，单果重 160～230g。甜酸适中，风味好，品质优。高抗番茄花叶病毒病，中抗黄瓜花叶病毒病，抗番茄叶霉病。适宜保护地栽培。

7. 毛粉 802

无限生长型，晚熟品种。植株生长势强，第 1 花序着生在主茎的第 9 或 10 节上。结果集中，果实大而圆，粉红色，有青肩，果脐小，肉厚，不易裂果。平均单果重 150g。品质佳，口味好。抗烟草花叶病毒病，耐黄瓜花叶病毒病，耐早疫病。适宜露地及保护地栽培。

8. 亚洲粉皇 F1

最新选育的早熟特大粉红果番茄新品种，无限生长型，连续坐果力强，生长势强，结果期长，同对照品种相比，生长中后期更为健壮，后期产量更高。单果重 400g，最大果重 700g。果硬，耐运输，酸甜适口，风味佳。抗病毒病、疫病、青枯病，适宜早春保护地及露地栽培，也可返秋栽培。

9. 斯诺克 F1

无限生长型，早中熟，大红果。植株长势强健，坐果力极强，果特硬，色鲜红，大小均匀，果皮光滑，无青肩，单果重 180～220g。高抗病毒病、疫病、青枯病。产量高，极耐贮运。适宜越冬栽培及春、秋露地栽培。

10. 金刚石 2 号

无限生长型，早中熟，大红果，单果重 150g 左右，大小均匀，果特硬，货架期 15～25 天。适于冬暖棚及春、秋露地栽培，抗青枯病、枯萎病、病毒病，是国际流行品种。

11. 保冠 1 号

西安秦皇种苗有限公司选育，保护地专用品种之一，也可用于露地栽培，是高秧粉红果。叶片较稀，叶量中等，光合效率高，在低温弱光下坐果能力强，果实膨大快。始收期可比毛粉 802、L402 早 10～15 天，前期产量较其高 30%～50%，总产量高 10% 以上。果实无绿肩，大小均匀，高圆苹果形，表面光滑发亮，基本无畸形果和裂果。单果重 200～350g。果皮厚，耐贮运，货架寿命长，口感风味好。高抗番茄花叶病毒病、中抗黄瓜花叶病毒病，高抗叶霉病和枯萎病，灰霉病、晚疫病发病率低，没有发现茎腐病。耐热性好。适宜日光温室、大棚春提早、秋延后及春季露地、越夏栽培，也宜中小棚春提早栽培。

12. 浙杂 205

中早熟，无限生长型。株型紧凑，生长势强，耐低温弱光。抗保护地栽培主要病害——叶霉病，兼抗病毒病；综合抗病性强，适应性广，抗逆性好。果实圆整，单果重 160～220g，肉厚坚实，特硬，成熟果大红色，色泽鲜艳，有光泽，转色快，着色一致。商品性好，货架期长，非常适合长途运销。连续坐果能力强，丰产稳产，产量高。

13. 浙杂 809

抗病、优质，丰产大红果品种。早熟，自封顶，长势强健。高抗烟草花叶病毒病，耐叶霉病和早疫病，抗逆性强。结果性好，果实高圆，单果重 250～300g，商品性好，耐贮运。长江流域和全国喜食红果地区均可种植，尤适合大棚早熟栽培、春秋露地栽培和高山栽培。

14. 樱桃番茄雪樱

为亚蔬 6 号改良型。有限生长型，株高 1.1m，定植后约 56 天开始采收。单果重 12～14g，果长椭圆形，果色深红，果肉甜中略带酸味，口感好，风味佳。长势强健，抗病性好，易坐果，产量高。热带、亚热带地区栽培均适宜。

15. 樱桃番茄智丽子

无限生长型，早熟性好，单果重 20～30g，圆球形，萼片漂亮，深粉红色，甜度达 10 度以上。每穗坐果多且整齐，可

串收，产量极高，果实硬，耐裂，耐储运，抗性好，高抗线虫
和叶霉病。

第三节　无公害栽培技术

番茄在长江流域以南的主要栽培形式有春提早栽培、春季
露地栽培、越夏栽培、秋延后栽培等。现主要介绍这几种栽培
形式的关键技术。

一、春提早栽培

春提早栽培是指冬季播种育苗，夏季收获供应市场的一种
栽培方式。其关键技术是：

1. 基地选择

基地生态环境应符合第一章的有关要求。以后章节都参照
执行。

2. 品种选择

选择耐寒、耐弱光、抗病性强的高产优质品种，如西粉 3
号、保冠 1 号、中杂 11 号、佳粉 17 号等。

3. 培育壮苗

和茄子、辣椒相比，番茄更耐寒，根系再生能力强些。播
种期可以适当推迟。大棚育苗可以在 12 月中下旬播种。育苗
培管参照茄子部分。番茄的适龄壮苗就是指在番茄生产中有能
够获得早熟、高产、优质、高效及对不良环境条件具有较强适
应性的秧苗。具体标准有：苗龄 35～50 天（苗龄依据育苗方
式的不同而不同），株高 18～25cm，茎粗 0.5cm 以上，节间
短、健壮，具有子叶和 5～8 片真叶，根系发达，根毛白色且
多，叶片肥厚，健全，叶色深绿，不带病虫。

4. 施足基肥、耕整土地

选地要求同茄子部分。番茄需肥量较大，尤其需要基肥。基肥最好使用充分腐熟的有机肥，如土杂肥、鸡粪、圈肥、豆饼等。一般基肥用量为每 $667m^2$ 腐熟圈肥 2500kg＋过磷酸钙 50kg＋硫酸钾 50kg，或豆饼 150kg，或鸡粪 1500kg，配合施用少量微量元素，如硼肥等。无论是土杂肥、鸡粪，还是圈肥、饼肥，均必须充分腐熟好，无臭味，松软，施肥前拍细，并用多菌灵粉剂或五氯硝基苯及其他杀菌杀虫药进行肥料消毒，每平方米用药量为 1～3kg。

在前茬作物收获后清理所有残株及棚内外的污物，集中烧毁，断绝病虫的生存及寄存条件。提前一个月扣好薄膜及地膜，利用阳光为大棚及棚内土壤升温杀菌 3～4 周，期间浇大水 1 次，让潜伏的病虫在潮湿高温环境中生长，再利用高温配合杀菌剂将其摧毁。

土壤经 3～4 周高温消毒后，将其深翻 4cm，并将土块充分打碎。结合深翻，对土壤进行药物消毒，药剂一般用多菌灵、百菌清等。定植前，将土壤整平，畦面包沟宽 1.4m，深沟高畦，畦面略成龟背形。

5. 适时定植

3 月上中旬定植。每 $667m^2$ 栽 2200～2400 棵，株行距 0.4m×0.7m。采用穴栽法，即在高畦上或按株距挖穴，直径 12cm，深 10cm，轻轻地将苗栽入，覆土。栽后浇定根水。

6. 无公害管理技术

（1）前期管理

温度：用于春提早番茄栽培的大棚，定植前扣膜，以提高地温。番茄幼苗定植后先进行缓苗，应创造高温、高湿的环境条件，缩短幼苗缓苗时间。缓苗期适宜气温白天为 28℃～

30℃，超过 35℃时可适当放风；夜间为 20℃～18℃，10cm 深处地温为 20℃～22℃。缓苗后晴天的中午开始放风，以温室内最高气温不超过 30℃为宜，最好控制在 25℃～28℃，夜间的气温应维持在 14℃左右。

肥水：番茄生长适宜的土壤湿度为：缓苗期 65%～75%，缓苗后到结果初期 80%，盛果期可达 90%。土壤湿度主要是通过灌水与控水来维持的。一般的灌水办法是：定植时浇足"压根水"，缓苗后进行中耕松土。第 1 花序开花前不要轻易浇水，田间特别干旱时可少量浇水。从现蕾到开花坐果，应控水，即不干不浇。待第 1 穗果长到 3cm 左右时浇 1 次"稳果水"，以保证果实膨大的需要。浇水时宜采取浇灌方式，刚好使土壤湿润即可。

（2）结果期管理

进入结果期后，营养生长和生殖生长同时进行，对肥水需求较大，在生产管理上是重点阶段。主要包括肥水管理、加温增光、排湿通风、吊蔓整枝、增施二氧化碳等。

肥水管理：大水大肥，随水冲施硝酸钾、磷酸二铵、硫酸钾三元复合肥等肥料，每次每 $667m^2$ 15～20kg。结果期除了根系追肥外，还可结合喷药加入适量的叶面肥，尿素和磷酸二氢钾的浓度分别为 0.3%、0.35%，喷施在叶的反面。

排湿通风：番茄生长适宜的湿度是 50%～60%，早春由于温度低、光照少、通风时间有限，易引发番茄各种病害。除湿措施有：①通风换气除湿。通风换气是降湿的好办法。通风必须在高温时进行，否则会引起室内温度下降。如果通风时温度下降过快，要及时关闭通风口，防止温度骤然下降使蔬菜遭受危害。②合理浇水。浇水是导致室内湿度增加的主要因素。可选择晴天采用地膜下暗灌的方法。浇水要严格控制浇水量，防止室内湿度过高。每次浇水后适当放风。有条件的可以采用滴灌的方法。③地膜覆盖。采用地膜覆盖可以减少土壤水分的蒸发，是降低室内空气湿度的重要措施。浇水时水沿地膜下的小垄沟流入。地膜阻止了水分的蒸发，也就防止了浇水后棚内空气湿度的大幅度提高。④升温降湿。⑤使用无滴棚膜。

（3）结果后期管理

随着外界气温的升高，大棚内的气温和地温也随着升高，这个时期的管理重点是防早衰和防病，其主要措施是及时防衰治病，保持植物健康态势。要加强肥水管理、植株调整以及异形果防治等，增施硼肥。

①肥水管理：这个时期随着气温升高，植株蒸发量增大，对水分需求进一步增大。每隔 5 天左右就要浇 1 次水，水量不宜过大。浇水时随水施腐熟的鸡粪粉或多元复合肥。此外，喷施叶面肥，主要是喷洒 0.3％～0.5％的尿素或磷酸二氢钾等，用来补充磷、钾肥，促进光合产物向果实运输，使后期的番茄果实大小和颜色与中期差别不大。

②植株调整：定植缓苗后，番茄生长迅速，应及时打杈、摘心、整枝。

打杈：番茄侧枝发生能力较强，去掉叶腋中长出的多余而无用的侧枝，即所谓打杈。打杈可减少养分消耗，保证主干或结果枝的正常生长和开花结果。打杈不宜过早，过早会降低植株生长势，易衰老。打杈也不能过晚，过度放任生长易引起徒长而造成群体郁闭，不利通风、透光。适时打杈有利于增强植株中位和下位叶片的光合作用，改善田间群体结构，使果实采收期集中，提高早熟性和产量。

摘心：即打顶，当所留结果枝达到一定果穗数及叶片数时，将顶端生长点摘除。摘心应在花序上边留 2 或 3 片叶，这既有利于果实生长，又可防止果实直接暴露在阳光下，造成日灼病。结合打杈、摘心，应进行疏花疏果，以保证植株有一定结果数量，避免结果数过多而引起的营养不足，加快果实肥大，增加单果重，提高果实的整齐度，改善品质，提高商品性。番茄单株坐果数一般每穗应留 3～4 个果，在花期应疏掉多余的花蕾及畸形花，坐果以后应疏掉果形不整齐、形状不标准及同一果穗发育太晚太小的果实。

整枝：方法主要有单干整枝法、双干整枝法、改良式单干整枝法、连续摘心整枝法等。

单干整枝法：是目前番茄生产上普遍采用的一种接枝方法。单干整枝每株只留 1 个主干，把所有侧枝都陆续摘除、打掉（即打杈），打杈时一般应留 1 片叶，不宜从基部掰掉，以防损伤主干。留叶打杈还可增加植株叶片数，促进生长发育，特别是促进靠近叶片的果实生长发育。

双干整枝法：在单干整枝的基础上，除留主干外，又选留 1 个侧枝作为第 2 主干和结果枝，故称双干，将其他侧枝及双干上的再生枝全部摘除。第 2 主干一般应选留第 1 花序下的第 1 侧枝，这个侧枝比较健壮，生长发育快，很快就可以与原来的主干（主茎）平行地生长、发育。双干整枝所留第 2 个结果枝的管理，与单干整枝法的管理相同。双干整枝适用于生长势强、种子价格很高的中晚熟品种。对于潮湿多雨，劳力较少，育苗条件不足的地区，可以采用这种整枝方法。双干整枝虽可比单干整枝节省种子及育苗费用，可以增加单株结果数和产量，但早期产量和总产量较低，生产上实际应用较少。

连续摘心整枝法：当第 1、第 2 花序相继开花后，在第 2 花序上边留 2 片叶摘心，这个主枝叫做第 1 结果枝。从紧靠第 1 花序下的节位长出的第 1 侧枝要保留，留 2 个花序之后留叶摘心，作为第 2 结果枝。从第 3 花序下边长出的侧枝要保留，再留 2 个花序以后留叶摘心，作为第 3 结果枝。如此留枝摘心可以使每株番茄保留 4～5 个甚至更多的结果枝，根据各结果枝留果穗数的多少，可分为连续 2 穗果摘心整枝法，即每个结果枝都留 2 穗果；连续 2 穗和 3 穗交替摘心整枝法，即第 1、3、5 结果枝留 2 穗果，而第 2、4、6 结果枝留 3 穗果；1 穗和连续 2 穗摘心整枝法，即先留 1 穗果后，每个结果枝留 2 穗果。用连续摘心整枝法选留好结果枝以后，各结果枝上的侧枝要打掉，但要注意打杈不要过早，应在侧枝对结果枝及花序的光照有影响时才打掉。结果枝确定以后要做好"扭枝"工作，通过扭枝可以大大增强结果枝的承载能力，提高坐果率，促进果实肥大。如果不扭枝，则结果枝因果实增重，易从分枝部位折断。扭枝时用手捏住主茎和结果枝的分杈处，把茎轻轻向右或向左拧半圈就可以了。扭完枝以后结果枝与主茎呈直角或微微下垂。扭枝应在下午进行，并分两次到位，以免扭伤结果枝，扭枝以后结果枝一般要分布到植株两边的大小行间。连续摘心整枝法原则上不摘叶。当花序和基本枝透光性下降时要摘叶，但不可摘得过多。连续摘心整枝法要求肥水充足，以防衰秧。

③防病：防病主要是采取生态防治和药剂防治。生态防治主要是温度适当偏低管理，特别是夜间温度的偏低管理，白天温度一般不超过 25℃，夜间不低于 10℃。高温干旱易发生病毒病，高温高湿易发生疫病，低温高湿易发生灰霉病，低温干燥有利于病菌度过连续阴雪天和灾害性天气，有利于其越冬。这里的低温是指在适宜温度范围内的下限温度，而不是能达到引起植株生育障碍的低温。药剂防治要以预防为主，即在病原菌侵染初期喷药防治，一旦严重发病，要同时用多种药剂（可

以混合使用的药剂）防治同一种病害。多种药剂防治一种病害，既可增强药效，提高防治效果，又可增大防治病害的保险系数，防止假药、劣药延误防治时机。另外，药剂防治还要注意每次喷药能防治多种病害，减少用工量。

7. 生理性障碍的原因及防治措施

（1）落花落果

番茄生长发育进入开花结果期后，常常会出现大量的花果脱落，严重影响番茄产量的提高。

原因：①低温阴雨寡照。因番茄开花期的最适宜温度为25℃～28℃，当温度下降到15℃以下时，发芽不良，下降至10℃以下时，花粉不能发芽生长，导致受精不良，花体生长激素缺乏而大量落花。同时，低温阴雨日有时会长期寡照，有机物无法通过正常的光合作用产生，花朵发育不良，出现落花落果。另外，低温阴雨时空气湿度大，花粉粒膨胀过度而破裂，失去授粉能力而出现落花。②高温干旱。多发生于夏秋季节。番茄开花结果期尤其需要水分，土壤过干，特别是由湿润转干或植株短时水过多，生长不良，花粉沾水不育而引起落花落果。另一方面，土壤不旱但空气干热，如当空气相对湿度低于10%以下时，花朵柱头和花粉会很快干缩，花粉不能在柱头上发芽生长而落花。夏秋季节会出现高温天气，有时中午气温高达35℃～40℃，甚至超过40℃，造成高温灼伤，花粉败育，花朵萎缩而落花。③植株生长营养不良。番茄进入花果期后，开花、花蕾形成、坐果和果实生长发育等对各种养分的需求大，此时若养分供应不足，会出现落花落果现象。营养不良，还会影响到花器官及果实的正常发育，如出现花粉小、花柱细、长不均，不能正常授粉而脱落。

防治措施：①要培育壮苗移栽，增强植株的抗逆性。②科学调控番茄生长环境的温湿条件。春季防低温，夏秋季防高温或干旱，适时灌水排水，保持地面干爽，进行叶面喷水雾以降温护花保果。③花果期后及时合理施肥，确保各种养分均衡供应。以叶面喷肥为好，如坐果期喷施 0.2％～0.3％的钾肥。④及时进行化学调控。目前较为有效的药剂是番茄灵和 2,4－D 胺盐。番茄灵的使用浓度为 20～40mg/L，浸蘸花朵用 25～30mg/L，蘸花梗用 30～35mg/L，春季防低温落花用 35～40mg/L。夏季防高温落花用 2,4－D，使用浓度为 10～20mg/L，高温季节或浸花、喷花，浓度稍低，反之稍高，但要防止出现药害。

（2）畸形果、空洞果与裂果

在温室或大棚种植番茄，极易出现畸形果、空洞果和裂果，有的发病株率在 50％以上，严重时整个大棚温室中的番茄第 1 穗果全部畸形，从而延迟了上市期，降低了产量和品质，影响产值。

①症状

畸形果：番茄果实呈尖顶桃形，不规则膨大，外皮出现大块木栓化疤痕或是籽外露状裂果。

空洞果：番茄果皮与果肉胶状物之间形成空洞，果实外观呈多棱形。

裂果：也称纹裂果，多发生在果实成熟期，有的以果蒂为中心，围绕果蒂呈环状浅裂，有的以果蒂为中心呈放射状深裂，从果实绿熟期开始发生，多为干裂。番茄裂果后不耐贮藏和运输，并易受病菌侵染而引起腐烂。

②病因

畸形果：主要是苗期管理不当引起。番茄果实能否发育正常，取决于花芽分化的质量。第 1～3 花芽分化是在 2～3 片真叶至 7～8 片真叶的幼苗期，冬季育苗如管理不当，在光照弱、夜温低于 10℃时花芽分化不良；如气温适宜，水分充足，氮肥多，花芽易过度分化，形成多棱形果实；如苗龄拉长，苗期低温干旱，幼苗处于抑制状态，花器易木栓化，形成疤果、籽外露裂果。

空洞果：主要是开花坐果期管理不当造成的。在开花前两天喷涂 2,4-D 胺盐等激素，果皮发育快，胎座发育不良，致使子房中靠近果皮处形成空洞。坐果激素使用浓度过大或在阴雨天气使用也会出现空洞果。坐果期遇较长时间低温弱光，光合产物减少，向果实输送的养分供不应求。需肥量多的大果型品种肥料供给不充足，如毛粉 802 在生产过程中对肥料的需求得不到满足。坐果期浇水量不足，果实生长发育受阻。

裂果：主要是由于果实在生长发育期间先期高温干旱，使果实的表皮生长受到抑制，后来遇到暴雨或灌水，水分急剧增加，导致果皮生长跟不上果肉组织的膨大而引起裂果。不同品种对裂果的抗性差异较大，一般果皮薄、果形扁圆的品种易裂果。

③防治方法

畸形果的防治：一是育苗期要保持昼温 20℃～25℃，夜温 13℃～17℃，防止出现 10℃以下的低温，造成畸形花。二是发生徒长时，要采取降温措施，并适当控制水分，同时喷洒 1000～1500mg/L 的矮壮素，既可控制徒长，又不影响花芽正常分化。三是尽快摘除畸形果，减少养分消耗。

空洞果的防治：一是合理使用坐果激素。特别在早春低温时，要在花朵开放后再用激素喷涂，在晴天的早晨或下午使用，并且把握好合适的浓度。二是对毛粉 802 等大果型品种，开花坐果期要及时浇水施肥。三是早春番茄开花坐果后，如遇较长时间低温阴雪天气，应及时加温，保持夜温在13℃以上。

裂果的防治：一是可选择一些抗裂品种，如中蔬6号、毛粉802、红玛瑙140、红杂16等。二是栽培时深翻土，施有机肥，增强土壤保水性和透水性，促进根系生长，缓冲土壤水分的剧烈变化。三是合理灌水，使田间土壤保持湿润，特别要防止久旱后过湿。

二、春季露地栽培

春季露地栽培是番茄的主要栽培形式，1月中旬至2月中旬阳畦育苗，4月上中旬定植，6月上旬至8月上旬收获。保护地育苗，将番茄的结果期安排在温度、光照较适宜的季节，可缩短露地生长期，能提早收获并获得较高的产量。

1. 品种选择

应根据不同地区的气候特点、栽培形式及栽培目的等，选择适宜的品种。早熟栽培宜选择自封顶生长类型的早熟丰产品种，如渝红5号、早丰、西粉3号、苏抗5号等；晚熟栽培宜选择非自封顶生长类型的晚熟、抗病、高产的品种，如中蔬4号、毛粉802、佳粉7号等。

2. 培育适龄壮苗

露地春番茄栽培的适宜苗龄为50～70天，即定植前50～70天要进行播种。1月中旬至2月中旬在保护地内播种育苗，常规管理。

3. 整地定植

整地做畦：番茄不宜连作，要与非茄科作物进行3～5年的轮作。栽培番茄的地块，最好进行25～30cm深翻，平整土地，高畦深沟。一般畦宽1.3～1.4m。畦向或垄向以南北向为好。

增施基肥:番茄对营养供给的反应很敏感,大肥足水才能取得高产高效益。整地做畦时应增施基肥,一般每 667m² 施农家肥 5000kg + 复合肥 30kg + 过磷酸钙 50kg,沟施,或撒施。

定植时间:春番茄一般都在 3 月下旬至 4 月上旬露地定植。遇到阴雨大风天气,应适当延晚定植。

定植密度:畦宽 1.4m,双行定植,早熟品株距 25～33cm,中、晚熟品种株距为 35～40cm,早熟品种一般每 667m² 5000～6000 株,中、晚熟品种 3500 株左右。

定植方法:定植最好选择无风的晴天进行。定植的前 1 天下午,在苗床内灌水,以便第 2 天取苗。纸袋育苗的可带袋定植,营养钵育苗的将营养钵取下,定植后可先栽苗后灌水(干栽),或先灌水后栽苗(水稳苗)。栽苗时不要栽得过深或过浅。栽植深度以土块和地表相平或稍深一些为宜,栽得过深,土温低,不利于根系生长,缓苗慢;栽得过浅,扎根不稳,易倒伏。

地膜覆盖:露地栽培覆盖地膜可提高地温,抑制杂草生长,保持土壤疏松,保水,保肥,使果实提早成熟,增加产量。越夏延秋栽培覆盖地膜,在无灌水条件的地区可防止干旱,雨季有利于排水,又具有防涝作用,有利于越夏创高产。地膜覆盖可以覆盖垄,也可覆盖畦。可以先铺膜后栽苗,也可先栽苗后铺膜。栽苗时秧苗四周覆土要严紧,防止地膜被风刮破,防止地膜下的热气烧苗。地膜覆盖还可以采用地膜沟栽的方法,霜前把秧苗定植在地膜下(沟深以秧苗不接触地膜为宜),霜后把秧苗引至地膜外,再把地膜盖上,用土压好膜。

4. 定植后的田间管理

中耕除草:活棵后要及时进行中耕除草。中耕既可铲除杂草又可疏松土壤，保水保墒，提高地温，促进根系发育。在雨后或灌水后，待土壤水分稍干后要及时进行中耕除草，整个生育期一般进行3～5次。前期中耕根群小，要深一些，后期逐渐变浅。要结合中耕进行培土，以防倒伏。地膜覆盖栽培一般不进行中耕，除草时一般就地取土，把草压在地膜下，大草人工拔除。

浇水：春番茄定植时浇水不宜过多。水量过大易降低地温，不利于缓苗。定植后3～5天，待植株心叶颜色由老绿转变为嫩绿，生长点开始生长时，一般要浇1次缓苗水。缓苗水要多，如营养块或营养袋育苗，一定要把坨泡开，促进根系尽快发出坨外，扎进土壤，以缩短缓苗期。浇缓苗水后要进行中耕。缓苗后到第1花穗坐果期间，如不是特别干旱，一般不浇水，要进行蹲苗。番茄蹲苗的目的主要是促进根系发育，控制植株徒长，调整营养生长和生殖生长的平衡，以有利于开花结果。番茄蹲苗期的管理好坏，是能否实现高产的重要技术环节。一般早熟品种植株长势弱，花器分化早，开花早，结果早，其蹲苗时间不宜过长。中、晚熟品种植株长势旺，长势强，要严格控秧，蹲苗时间可适当延长。生产上当第1花序果实核桃大，第2花序果实蚕豆大，第3花序刚开花时结束蹲苗。

番茄蹲苗期结束即进入结果期，结果期要大肥足水，促进茎叶和果实的生长发育。在正常天气情况下，一般每隔4～5天浇水1次，水量要逐渐增大。雨水多时要适当减少水量。结果期要经常保持土壤湿润，防止忽干忽湿。

追肥：番茄对营养的吸收量较大，尤其是在结果盛期。第1果穗坐果以后，要结合浇水追施1次催果肥。每667m² 可施尿素15kg，过磷酸钙25kg，或磷酸二铵20kg。缺钾时应施硫酸钾 10kg。也可用 1000kg 腐熟人粪尿和 100kg 草木灰代替化肥施用。以后在第 2 穗果和第 3 穗果开始迅速膨大时各追肥 1 次。必要时还可进行叶面追肥，用 0.2%～0.4% 的磷酸二氢钾，或 0.1%～0.3% 的尿素喷施叶面，或喷多元复合肥。

插架与绑蔓：番茄一般都要插架绑蔓。番茄定植后到开花前要进行搭架绑蔓，防止倒伏。春季多风地区，定植后要立即插架绑蔓。插架可用竹竿、细木杆及专用塑料杆。插架形式主要有单杆架、人字架、四角架和篱形架。早熟品种可用矮架，晚熟品种可用大架，番茄插架不但要高，还要坚固。绑蔓要求随着植株的向上生长及时进行，严防植株东倒西歪或茎蔓下坠。绑蔓要松紧适度，要把果穗调整在架内，茎叶调整到架外，以避免果实损伤和果实日烧，提高群体通风透光性能，并有利于茎叶生长。

整枝打杈：适当整枝和摘除多余的侧枝，有利于加强通风透光，防止植株徒长，减少植株营养消耗，促进开花结果，以达到增产增收的目的。早熟栽培一般采用单干整枝法，晚熟越夏栽培可采用连续摘心整枝法或再生整枝法。结合整枝要进行疏花疏果，摘除老叶、病叶。

保花保果：春露地番茄保花保果的主要措施是培育壮苗，花期使用坐果激素并进行振动授粉。花期控制浇水，进行叶面喷肥。

三、秋延后栽培

秋延后栽培一般在 7 月中下旬露地遮阳育苗，8 月中下旬定植，进入开花结果期后用中小拱棚覆盖，10 月下旬至 11 月下旬进入收获期，采用大拱棚保护。技术要点是前期防雨降温，后期防寒保温。

1. 品种选择

秋延后栽培番茄的苗期处于炎热多雨的夏季，而结果期则又处于温度日趋下降的秋冬季节，在品种选择上，应选用适应性较强、抗病、丰产、品质较好的早、中熟品种，如保冠 1 号、亚洲粉皇、中蔬 6 号、佳粉 15 号、西粉 3 号、浙粉杂 3 号等。

2. 播种育苗

早熟品种 7 月下旬至 8 月上旬播种，晚熟品种要在 7 月中旬播种。播种要在防雨棚加遮阳网内进行，播种后 15 天 2 叶 1 心前分苗 1 次，稀播者或用营养钵播种的也可不分苗。每 $667m^2$ 大田用种 50g。播种方法及苗期管理参照大棚辣椒秋延后栽培。

3. 整地定植

播种后 25～30 天，3～4 片真叶时定植。按 33cm×50cm 株行距定植，每 $667m^2$ 4500 株左右。定植前 10～15 天，整地，施基肥，做高畦，栽后浇水，促成活。

4. 田间管理

温湿度管理：进入 10 月中下旬，气温开始下降，要及时扣棚膜，防寒保温。扣棚初期，加大通风量，随外界气温降低，减少通风量，将棚慢慢扣严。当外界气温低于 15℃时，白天适当通风排湿，以利防病，晚上闭棚。气温降至 10℃时，夜间架小拱棚保温。

保花保果：开花后应及时用 20～25mg/L 防落素喷花，以防落花落果，也可用其点花或浸花，时间以下午 4 时以后为宜。

植株调整：9 月上中旬，第 1 花序坐果后，及时设立支架并绑蔓。单干整枝，每株留 3 穗，其余均摘除。

肥水管理：活棵后加强中耕培土，适量灌水，促进早开花、早坐果。雨后排水，结果期加强肥水管理，第 1 穗果坐住后，可浇 1 次稀薄粪水或尿素水；第 2 穗花现蕾时，浇第 2 次粪水；第 3 穗果坐稳之后，可浇第 3 次粪水。

第四节　病虫害无公害防治技术

番茄病虫害无公害防治的基本原则及方法可以参考茄子部分。下面主要介绍番茄生产的几种比较严重的病虫害的化学防治方法。

一、病害防治

1. 番茄早疫病的防治

喷粉法：采用粉尘法于发病初期喷撒 5% 百菌清粉尘剂，每 667m² 每次 1kg，每 10 天 1 次，轮换用药防治 3～4 次。

熏蒸法：施用 45% 百菌清烟剂或 10% 速克灵烟剂，每 667m² 每次 200～250g。

喷雾法：发病前开始喷洒 50% 扑海因可湿性粉剂 1000～1500 倍液或 75% 百菌清可湿性粉剂 600 倍液、58% 甲霜灵·锰锌可湿性粉剂 500 倍液、64% 杀毒矾可湿性粉剂 500 倍液。防治宜早不宜迟，要在发病前开始用药，以减少前期菌源，有效地控制发病。

涂抹法：番茄茎部发病除喷淋上述杀菌剂外，也可把 50% 扑海因可湿性粉剂配成 180～200 倍液，涂抹病部，必要时还可配成油剂，效果更好。

2. 番茄晚疫病的防治

熏蒸法：每 667m² 每次施用 45% 百菌清烟剂 200～250g，

预防或熏治。

粉尘法：喷撒 5％百菌清粉尘剂，每 $667m^2$ 每次 1kg。

喷雾法：在番茄发病初期开始喷洒 72.2％普力克水剂 800 倍液，或 40％甲霜灵可湿性粉剂 700～800 倍液、64％杀毒矾可湿性粉剂 500 倍液、70％乙磷·锰锌可湿性粉剂 500 倍液，也可用 50％甲霜铜可湿性粉剂 600 倍液，或 60％琥·乙磷铝可湿性粉剂 400 倍液灌根，每株灌兑好的药液 0.3L。

3. 番茄青枯病的防治

灌根法：在发病初期，用硫酸链霉素或 72％农用硫酸链霉素可溶性粉剂 4000 倍液灌根。

喷雾法：在发病初期，可用 25％络氨铜水剂 500 倍液、77％可杀得可湿性粉剂 500 倍液、50％琥胶肥酸铜可湿性粉剂 400 倍液灌根，每株灌兑好的药液 0.3～0.5L，10 天 1 次，连续灌 2～3 次。

4. 番茄病毒病的防治

防治蚜虫，尤其是高温干旱年份要注意及时喷药治蚜，预防烟草花叶病毒侵染，可选用 20％菊·马乳油 2000 倍液、50％抗蚜威可湿性粉剂 3000～3500 倍液防治。

发病初期喷洒 1.5％植病灵乳唑 1000 倍液，或 20％病毒 A 可湿性粉剂 500 倍液，或抗毒剂 1 号 200～300 倍液或高锰酸钾 1000 倍液。用增产灵 50～100mg/L 及 1％过磷酸钙、1％硝酸钾做根外追肥，均可提高耐病性。

免疫接种，提高植株免疫力，兼防烟草花叶病毒和黄瓜花叶病毒。也可将疫苗稀释 100 倍，加少量金刚砂，每平方米 2～3kg，用压力喷枪喷雾。或在定植前后各喷 1 次"NS-83"增抗剂 100 倍液，既能诱导番茄耐病又增产。

5. 番茄细菌性髓部坏死病的防治

发病初期喷洒 77%可杀得可湿性粉剂 500 倍液或 14%络氨铜水剂 300 倍液、50%琥胶肥酸铜可湿性粉剂 500 倍液、1：1：200 倍式波尔式液等，隔 10 天左右喷 1 次，防治 1～2 次。

二、虫害防治

虫害防治参考茄子部分。

第五节　采收与加工

一、采收

番茄是以成熟果实供食用的。早熟品种花后 40～50 天，中、晚熟品种花后 50～60 天即可开始采收。番茄果实成熟过程可分 4 个时期：绿熟期、转色期、成熟期及完熟期。番茄采收标准根据不同的用途、品种而不同。鲜果上市最好在转色期或半熟期采收；贮藏或长途运输最好在白熟期采收；加工番茄最好在坚熟期采收。适时早采收可以提早上市，增加前期产量和产值，并且还有利于植株上部花穗果实的生长发育。

无公害番茄质量标准参照茄子部分。

二、番茄加工

番茄的加工方法很多，现主要介绍番茄汁、番茄酱和番茄罐头的加工方法。

1. 番茄汁

工艺流程：选料→去籽→预热→打浆→配料→脱气→均质

→装罐→杀菌→冷却→成品。

制作要点：①选料：选用成熟适度、香味浓、色泽鲜红、可溶固形物在5%以上、糖酸适宜（约为6∶1）、无霉烂变质的番茄，洗净，除去果柄、斑点及青绿部分。②去籽：将选好的番茄打碎去籽。③预热：将已去籽的番茄迅速加热到85℃以上，以杀死附在番茄上的微生物，并破坏果胶酶。④打浆：用打浆机打浆，制成汁液。⑤拌料：将番茄原汁10kg，砂糖0.8kg，精盐0.4kg，混合均匀。⑥脱气、均质：将番茄汁喷入真空脱气机，脱气3～5分钟，然后用高压均质机在9800～14700kPa压力下均质。⑦装罐：加热到85℃～90℃，趁热装入已消毒的罐内，封罐，罐中心温度应控制在70℃左右。⑧杀菌、冷却：封罐后在沸水中杀菌，然后在冷水中冷却到38℃左右。

2. 番茄酱

工艺流程：选料→清洗→修整→热烫→打浆→加热→浓缩→密封→杀菌→冷却→成品。

制作要点：①选料：选择成熟充分、色泽鲜艳、干物质含量高、皮薄肉厚、籽少、无病虫害的果实为原料。②清洗、修整：洗净果面，切除果蒂。③热烫：在沸水中热烫2～3分钟，软化果肉。④打浆：用打浆机将果肉打碎，除去果皮种子。⑤加热、浓缩：不断搅拌，加热至固形物含量为22%～24%。⑥装罐密封：浓缩后立即装罐密封。⑦杀菌、冷却：100℃沸水中杀菌20～30分钟，冷却至罐温为35℃～40℃。

质量要求：酱体呈红褐色，均匀一致，具有一定的黏稠度，味酸甜，无异味，可溶性固形物达22%～24%。

3. 番茄罐头

工艺流程：选料→洗果→拣选→去蒂→热烫→去皮分级→

浸入氧化钙溶液→清洗→再拣选→装罐→密封→杀菌→冷却→
揩罐→进仓。

　　制作方法：①选料：采用新鲜，色泽呈红色，果实未受农
业病虫害，无机械伤，无畸形，无腐烂，肉厚，籽少，组织紧
密的番茄，番茄横径在 30～50mm。②去蒂：用通心窝除去蒂
疤部分，洞不得过深过大，以免种子外露。③热烫：水温
85℃～90℃，时间 10～20 秒，热烫后立即浸入冷水。④浸入
氧化钙溶液：浓度 1.5%，时间 10～20 分钟。⑤密封：手工
摆盖，真空自动密封，真空度 40～46kPa。⑥杀菌：100℃沸
水中杀菌 20～30 分钟，冷却至罐温为 35℃～40℃。

第四章　马　铃　薯

马铃薯（*Solanum tuberosum* L.）属茄科茄属一年生草本植物，原产于南美高山地带，别名洋芋、土豆、山药蛋、洋番芋等。长期以来，马铃薯主要被山区当作粮食，主要是自产自销。后来，逐渐转变为粮菜兼用。作蔬菜食用时可炒可炖，可素可荤。马铃薯营养成分齐全，块茎中干物质含量 22% 左右，淀粉含量 10%～15%，蛋白质含量 1.6%～1.9%，含丰富的维生素 A、维生素 B 和维生素 C，在欧洲被称为第二面包作物。同时，马铃薯是重要的轻工业原料，可制淀粉、糊精、葡萄糖、酒精、柠檬酸、变性淀粉、涂料等产品，也可用于加工食品，发展冷冻食品、油炸食品和脱水制品。此外，马铃薯的茎叶、块茎可作绿肥、饲料。根据相关资料报道，马铃薯的茎叶产量高于紫云英。50kg 鲜薯饲喂奶牛，可产牛奶 40kg 或奶油 35kg。马铃薯的营养价值高，已成为城乡人民喜爱食品。近年来，马铃薯在湖南省尤其是在常德市的石门、桃源山区种植面积、供应总量不断增加，其种植规模呈增长的趋势。

第一节　形态特征及特性

一、形态特征

1. 根

用种子繁殖的马铃薯的植株有主根和侧根，根为圆锥形根系。一般生产上用块茎繁殖的植株没有主根，只有侧根。当块茎萌发，芽长 3cm 后长出侧根（须根），以后茎下没入土中的各节都长出须根。根系主要分布在 33cm 以内的土层中。早熟品种根系较浅，中、晚熟品种则较深。

2. 茎

马铃薯的茎分为地上茎、地下茎、匍匐茎和块茎。直立、半直立或匍匐。

地上茎高 45～100cm，茎上有分枝，早熟品种分枝少，1～4 个，中、晚熟品种多。枝条圆形、棱形，绿色或略带紫色或红色，有茸毛。

块茎发芽后，埋在土壤内的茎为地下茎。地下茎的节间短，在节的部位生出匍匐茎（枝）。

匍匐茎（枝）长到一定程度后停止生长，顶端积累养分后形成块茎即食用部分。

块茎为短缩肥大的变态茎。块茎有圆形、扁圆形、卵形、椭圆形等，色泽多样，皮色呈白色、黄色、浅黄色、淡红色、紫色等，肉色有白色、黄色、浅黄色、淡红色、紫色等。块茎的作用是贮藏养分，繁殖后代。块茎上芽眼多少、深浅是鉴别品种的重要标志，块茎的颜色、皮色、肉色的不同是区别品种的依据。

3. 叶

前期为单叶，后期为奇数羽状复叶，有长柄。叶面茸毛较密。

4. 花

马铃薯的花序为聚伞花序。花有白色、淡红、紫红、蓝色等，5 片合瓣花冠，花萼 5 片，萼片基部合生。一般上午 8 时左右开花，下午 5 时闭花。

5. 果实与种子

马铃薯属于自花授粉作物，自然条件下，异花授粉率为 0.5%，能自交结实。浆果，圆形，少数为椭圆形，前期为绿色，接近成熟时在顶部变白，逐渐转为黄绿色。马铃薯种子很小，扁平，近圆形或卵圆形，浅褐色，种子上密布细毛。千粒重 0.5~0.6g，即每克种子有 1660~2000 粒。

二、特性

1. 生长发育

通常将马铃薯的生长发育分为 5 个时期，即发芽期、幼苗期、发棵期、结薯期、休眠期。

发芽期：指从种芽萌动至幼芽出土。选择优良的种薯和适宜播种期，有利于马铃薯发芽期的良好生长，是实现马铃薯高产稳定的基础。

幼苗期：从出苗到 6~8 片叶展开时，一般为 15 天左右，又称团棵期。

发棵期：从团棵至 12~16 片叶展平，至开花封顶，发棵期一般 30 天左右。发棵期，块茎已开始膨大。

结薯期：植株各部分养分不断向块茎输送，块茎迅速膨大，尤以开花期的 2 周内膨大最快，产量的 70% 在此阶段形成。在结薯期，精心培管是马铃薯丰产稳产的关键。

休眠期：当地上部茎叶变黄枯死后，马铃薯块茎进入自然休眠期。一般为 1~2 个月，长的 3 个月以上。

2. 产量与块茎形成

马铃薯在现蕾期块茎开始膨大。块茎的膨大和增重是植株生长能力的体现和品种的重要特征。进入盛花期，叶面积最大，制造养分最快。花后 20 天左右，块茎增长速度最快。当地上部的茎叶枯黄后，块茎停止增长，然后进入休眠期。块茎增长和植株的生长在茎叶生长量未到达高峰前，两者速度都很快；植株茎叶生长量到达高峰后，块茎仍在继续增长，而茎叶干物质则逐渐减少，植株中的养分向块茎转移。

3. 块茎和种子休眠

一般栽培的马铃薯品种都有休眠期，短的约45天左右，长的达3~4个月。块茎休眠期与品种特性有关，休眠期短的品种适合做2季栽培，而休眠期长的品种适合做1季栽培和加工利用。

三、马铃薯适宜的生长环境

1. 土壤

种植马铃薯宜选质地疏松，排水良好，富含有机质的沙壤土，以促使其发芽快、出苗齐、生长良好。pH值在4.8~7.1则薯大，品质好。在pH值为5.6~6.8的微酸性土壤中生长最合适。遇偏碱土壤则易出现粗皮。

2. 温度

性喜冷凉，其生长适温为：种薯在土温4℃~5℃发根，5℃~7℃发芽，以10℃~12℃最适；幼芽生长以18℃最好；马铃薯叶生长需要较高温度，以20℃左右最适宜；块茎膨大要求较低温度，以16℃~18℃最适；种子萌发要求较高温度，在21℃~23℃时4~5天即可发芽，发芽适温为12℃~18℃；茎叶生长适温为18℃左右，块茎形成以20℃为好。

3. 水分

发芽期的土壤田间最大持水量为50%左右。幼苗期适度控水，促进根系发育，现蕾至开花即发棵期、结薯期需水最多。水分不足，则植株枯萎，生长停止，出现块茎停歇和倒青现象。

4. 养分

在马铃薯生长过程中，氮：磷：钾比例以 2：1：4 为好，充足钾肥能保证马铃薯高产优质。磷肥虽需求较少，但作用也不小，如早期缺磷会影响根系发育和幼苗生长，花期缺磷易发生空心。因此，要注重三要素的搭配，同时，补充磷、锰、锌、镁、钙、铁等微肥。

5. 光照

马铃薯为喜光作物，在长日照条件下，茎、叶、花、果及匍匐枝生长迅速，而短日照则有利于块茎形成，但有些品种对光照不敏感，在长日照条件下也能形成块茎。如果光照不足或种植在过于荫蔽缺光的地方，马铃薯容易徒长，削弱植株抗病能力，影响开花结果，延迟块茎的形成。块茎催茎时，出芽后应放在光照强的地方，培育健壮幼苗。

第二节　分类及品种

一、马铃薯分类

马铃薯分类方法很多，如可以根据株丛特征、成熟早晚、块茎皮色及用途分类，栽培上通常的分类是根据成熟期的早晚来分的。按从种薯播种至茎叶枯黄所需天数，可以将马铃薯分为 5 种：

1. 早熟品种

100 天以内（出苗至茎叶枯黄 75 天以内）。

2. 中早熟品种

101～110 天（出苗至茎叶枯黄 76～85 天）。

3. 中熟品种

111～120 天（出苗至茎叶枯黄 86～95 天）。

4. 中晚熟品种

121～130 天（出苗至茎叶枯黄 96～105 天）。

5. 晚熟品种

130 天以上（出苗至茎叶枯黄 106 天以上）。

二、适合长江流域以南栽培的主要品种

1. 东农 303

特早熟，出苗至成熟 50～60 天。块茎长圆形，黄皮肉黄，表皮光滑，芽眼多而浅。结薯集中，块茎大小适中，整齐。适合鲜薯食用。每 $667m^2$ 产鲜薯 1500～2000kg。抗花叶病毒病和环腐病，耐涝，易感晚疫病，轻感卷叶病毒病。

2. 中薯 8 号

中国农业科学院蔬菜花卉研究所选育。早熟鲜食品种，出苗后生育期 63 天。植株直立，分枝少，枝叶繁茂，茎与叶均绿色，复叶大，叶缘白色，块茎长圆形，皮淡黄，肉淡黄，薯皮光滑，芽眼浅，集中，块茎大而整齐，商品薯率 77.7%。高抗轻花叶病毒病，轻度至中度感晚疫病。每 100g 鲜薯维生素 C 含量 19.0mg，干物质含量 18.3%，还原糖含量 0.41%，粗蛋白质含量多。适宜在北京、上海、江苏、浙江、安徽、江西作春、秋两季种植，福建、广东、广西等南方冬作区作冬季早熟栽培。产量 1500～1800kg。

3. 郑薯 6 号

河南省郑州市蔬菜研究所以高原 6 号为母本、郑 762—93 为父本杂交育成，是一个适合加工和出口的品种。早熟，春作一般每 $667m^2$ 产鲜薯 2000kg，秋作 1600kg。田间无缩花叶，

轻感花叶病毒病，较抗茶黄螨，如疮痂病。在山东、河南、四川、湖北表现早熟高产。

4. 克新 4 号

早熟，从出苗至成熟 60～70 天。块茎扁圆形，皮黄，肉淡黄。芽眼较浅，表皮光滑，结薯集中，块茎大小中等、整齐，休眠期短，耐贮藏。每 100g 鲜薯淀粉含量 12～13.3g，粗蛋白质含量 2.23g，维生素 C 含量 14.8mg。适合鲜薯食用，蒸食品质优。感晚疫病、环腐病。块茎较抗晚疫病，对 Y 病毒敏感，轻感卷叶病毒病，每 667m^2 产鲜薯 1500～2000kg。

5. 川芋早

四川省农科院作物所选育。株高 58cm，生长势强，块茎椭圆，薯皮光滑、浅黄色，肉浅黄，芽眼浅，块茎大而整齐，商品薯率 80%～85%。块茎休眠期短。每 100g 鲜薯淀粉含量 12.71%，维生素 C 含量 15.55mg，还原糖含量 0.47%，食用品质好。抗 X 病毒和卷叶病毒，较抗晚疫病。产量高，和阿奎拉同比增产 71.15%。适合春栽和秋栽。

6. 鄂薯 3 号

中熟，块茎扁圆形，黄皮白肉，表皮光滑，芽眼浅，结薯集中，耐贮藏。食用品质优良，每 100g 鲜薯淀粉含量 18.2%，粗蛋白质含量 2.2%，维生素 C 含量 17.5mg，还原糖含量 0.11%，适合鲜食及油炸薯片、淀粉、全粉加工。高抗植株晚疫病，块茎中抗晚疫病；轻感花叶病毒病，较抗青枯病。每 667m^2 产鲜薯 1800kg 左右，适合山丘区种植。

7. 鄂薯 5 号

中熟，从出苗至成熟 90 天左右。块茎长扁形或扁圆形，表皮光滑，黄皮白肉，芽眉大而芽眼浅，结薯集中，耐贮藏。单株结薯 10 个左右，大中薯率 80% 以上。食用品质好，每

100g 鲜薯淀粉含量 18.9%，蛋白质含量 2.35%，维生素 C 含量 18.4mg，还原糖含量 0.16%。适合鲜薯食用及油炸食品、淀粉、全粉等加工。植株高抗晚疫病，块茎对晚疫病抗性较强，耐贮藏；抗花叶病毒病。一般每 667m² 产鲜薯 1900kg，高产可达 3000kg，适合山丘区种植，单作或与玉米、棉花套作。

8. 大西洋

中早熟种，生长期 80 天左右。该品种株型直立半开展，分枝数少，株高 50～60cm，生长势强；叶深绿色，茸毛少，复叶大，花冠蓝紫色；花柱短粗，花冠大，雄蕊橙黄色；盛花期长，花粉有香味，天然结实性强；结薯集中，块茎圆形，白皮白肉，表皮有网纹，芽眼特浅，休眠期中长。经样品分析，每 100g 鲜薯干物质含量 24%，淀粉含量 18% 左右，还原糖含量 0.01%，粗蛋白质含量 2.24%，维生素 C 含量 15.7mg。蒸食味道好，有香味。植株感染晚疫病，茎块对晚疫病抗性较强。易感花叶病毒，轻感卷叶病毒。一般每 667m² 产鲜薯 2000kg 左右，商品薯率 90%。

9. 中薯 9 号

中国农业科学研究院蔬菜花卉研究所育成，2006 年通过国审。中晚熟鲜食品种，出苗后生育期 95 天。植株直立，生长势强，株高 60cm，分枝少，枝叶繁茂，茎与叶均绿色，复叶较大，叶缘轻微波浪状，花冠白色，天然结实性强。块茎长圆形，皮淡黄，肉淡黄，薯皮光滑，芽眼浅，匍匐茎短，结薯集中，块茎大而整齐，商品薯率 85.1%。抗轻花叶病毒病，感重花叶病毒病，轻度至中度感晚疫病。每 100g 鲜薯维生素 C 含量 14.3mg，淀粉含量 13.1%，干物质含量 20.6%，还原糖含量 0.46%，粗蛋白质含量 2.08%。蒸食品质优。每

$667m^2$ 产鲜薯 1300～1500kg。

三、马铃薯种植主要模式

马铃薯作为一种高产、稳产、适应性强、营养丰富、产业链长的菜、粮、饲、工业原料兼用的作物，对蔬菜春秋堵淡、冬季农业开发、农业结构调整及可再生资源利用具有十分重大的意义。通过长期调查和观察，总结出了以下几种经济效益较好的种植模式：

1. 秋马铃薯—大棚芹菜（莴笋）—大棚春黄瓜模式

8、9 月秋马铃薯播种，霜冻后采收。芹菜（莴笋）10 月中下旬播种，马铃薯收获后定植于大棚，1 月中下旬上市。1 月份黄瓜播种，2 月上中旬定植。秋马铃薯可以渡淡，芹菜（莴笋）上市时价好产值高。春黄瓜上市早，有利于实现高产高效。适合近郊及二线基地。

2. 马铃薯—玉米套种模式

马铃薯 12 月上旬播种，玉米于 3 月中旬至 4 月上旬播种。该模式具有 3 大优点：一是适应范围广，不同海拔、不同类型、不同土质、不同肥水条件及不同需求均可。二是高产高效。每 $667m^2$ 产粮 700～800kg，产薯 1500～2000kg，每 $667m^2$ 产值在 1500～2000 元以上。三是有利于改良土壤。马铃薯茎叶易腐烂，有机质、氮、磷、钾含量高，可以有效地改良土壤结构。

3. 马铃薯—玉米—红薯套种模式

12 月中下旬播种马铃薯，每穴 1 个种薯。播种后用土杂肥和草木灰盖种。3 月下旬玉米播种，采用软盘育苗移栽，4 月中旬移栽。红薯 4 月上旬育苗，5 月下旬采挖马铃薯后，结合中耕，栽种红薯。

　　这种模式提高了耕地复种指数，提高了单位面积的产量和产值；增强了耕地生产系统内的抗逆性，有利农业避灾减灾。每 667m² 产值可达 2000 元以上。

4. 马铃薯——一季稻模式

　　秋季或冬春种植马铃薯，连作一季稻，为一年粮、菜两收高产高效连作模式。马铃薯既可作粮食，又可作蔬菜，副产品可作饲料、肥料。同时秋马铃薯还可保持良好的品种特性，采用秋马铃薯留种，能有效缓解低海拔区从外地或高山调运种薯问题。另外，水旱轮作，病虫害发生少，能减少农药的使用，更符合无公害生产要求。每 667m² 产 1500～2000kg 马铃薯，450～500kg 稻谷，每 667m² 产值可达 1200～1600 元。

　　秋马铃薯栽培模式：一季稻收获后，8 月下旬至 9 月上旬播种马铃薯，霜降后采收。

　　春马铃薯栽培模式：12 月中下旬播种马铃薯，3～5 月采收，种一季稻。

第三节　　无公害栽培技术

　　马铃薯栽培技术很多，本书主要介绍春马铃薯、秋马铃薯、脱毒马铃薯无公害栽培技术及稻田免耕全程覆盖栽培技术。

一、秋马铃薯栽培技术

1. 选地整地

　　种植马铃薯选地时要求达到无公害蔬菜产地环境国家标准，参照第一章茄子有关章节。应选土壤耕层深厚湿润、通气性良好的沙壤土。整地前每 667m² 施腐熟有机肥 1500～

2000kg，三元复合肥 50kg。前作收获后及时清洁田园，耕整土地。结合整地将基肥翻入耕作层。开好围沟、"十"字沟和厢沟。

2. 选择优良品种

选择休眠期短、发苗快、结薯早、商品性好、抗腐烂的早中熟品种，如川芋早、东农 303、克新 4 号、中薯 8 号、大西洋等优良品种，生育期 60～80 天，以保证能正常成熟。

3. 种薯处理

对种薯进行催芽处理，加速出苗，保证全苗齐苗。选用 40g 左右健壮种薯，用 5mg/L 的"920"溶液浸种 10 分钟左右，捞出沥干，摊放于阴凉处，覆盖湿麻袋或草帘，待萌芽后播种。若用大种薯则纵切成块，切口及时沾草木灰。每块 30g 左右，2 个以上芽眼。

4. 适时播种

根据当地气候和品种生育期安排播种期。平均气温 23℃ 左右时，即可将已催芽的种薯栽种，一般以 8 月下旬播种为宜，海拔稍高的地方推迟到 9 月上旬播种。选择晴天上午 10 点以前或下午 5 点以后播种，避开高温和雨水。催芽后遇连绵阴雨天气时，就将种薯摊放在散光处，进行受光锻炼，让幼芽长得粗短浓绿，待天气好转后播种。合理密植，秋马铃薯每 667m² 6000 蔸左右。采用高垄双行种植，垄宽 0.8m，沟宽 17cm，垄高 25cm，行距 40cm，穴距 22cm。播种后覆盖地膜。

5. 加强田间培管

当马铃薯 70% 左右出苗后，在种植穴上用干净的小刀呈"十"字形划开地膜。操作时注意不要伤到马铃薯幼芽。齐苗后，结合追施提苗肥，每 667m² 追施尿素 2.5kg 或碳铵 7kg 左右或稀薄人粪尿水，用火土灰围蔸。没有地膜覆盖的进行中耕 1 次，覆土掩肥。现蕾期进行第 2 次中耕，同时培土。现蕾期至盛花期每 $667m^2$ 叶面喷施 0.5％磷酸二氢钾 0.25kg，促使块茎迅速膨大。

秋季温度高，当气温超过 30℃时，及时灌水，降低土层温度，提高块茎的商品率。雨后立即排涝，防止块茎腐烂。

二、春马铃薯栽培技术

1. 选择优良品种

选择耐旱、耐湿性好、适应性广、抗病、高产中晚熟品种，如鄂薯 3 号、鄂薯 5 号、川芋早、中薯 9 号、克新 4 号等优良品种。

2. 精整土地

选择土质疏松肥沃、土层深厚、排水性良好的土壤，并且周边环境要求达到无公害蔬菜生产基地国家标准。冬前施足基肥，每 $667m^2$ 施腐熟有机肥 2500kg、过磷酸钙 25kg、硫酸钾复合肥 15kg、草木灰 100kg。深耕细耙，整平。开好围沟、腰沟、厢沟，防止积水。

3. 及时播种

根据各地的气候条件和种植习惯安排好最佳播期。海拔500m 以下地区，以 12 月下旬播种为宜，海拔 500～800m 地区以 12 月中、下旬播种为宜。实行高垄双行种植，厢宽包沟1m，株距 27cm，保证每 $667m^2$ 5000 蔸左右。用堆肥或火土灰盖种。覆盖地膜。

4. 加强田间管理

及时追施芽肥。当 70％左右幼苗出土时，进行第 1 次中耕，耕深控制在 5cm 以内。结合中耕，追施芽肥，每 $667m^2$ 施尿素 10kg，培好土。

加强培管。马铃薯在块茎膨大期需钾量大，当苗高 25cm 时，结合第 2 次中耕培土，每 667m² 施钾肥 15kg。视苗势可补施稀薄人畜粪水。现蕾期用 25g 烯效唑兑水 50kg 喷施叶面。

三、脱毒马铃薯种植技术

在马铃薯生产中，由于长期无性繁殖，导致了部分品种种性退化，田间容易感病和发病，造成减产减收。其中马铃薯花叶病毒是引起马铃薯退化的主要原因。由于病毒的侵入导致植株生长势衰退，株型变矮，叶面出现皱缩、病斑，叶脉失绿，严重时可导致减产 50%～80%，几乎绝收。进行脱毒马铃薯栽培是实现马铃薯高产稳产的重要途径。下面简要介绍脱毒马铃薯栽培技术要点：

1. 品种选择

应选择适应性广、抗病性强、高产优质的优良品种，如川芋早、东农 303、克新 4 号、鄂薯 3 号、郑薯 6 号等在湖南省市推广较成功的品种。就近调种，即从临近省份的高海拔区如湖北、四川、河南、贵州调进种薯。调种时，在运输中严格防止病菌感染而造成烂种。在播种前，选择阴凉、干爽的地面摊薄保藏，尽量单个薯平摊，上面盖上干净的稻草。播种时轻拿轻放，减少断芽。

2. 整地施肥

马铃薯种植土壤及周围环境要求符合无公害蔬菜生产基地国家标准。选择表土疏松、排水良好和富含有机质的沙壤土，土壤酸碱度以 5.5～6.5 的微酸性为最好。每 667m² 用腐熟猪栏粪 2500kg、钙镁磷肥 20kg、草木灰 150kg。深耕细耙，整平。开好围沟、腰沟、厢沟，防止积水。

3. 种薯处理

新收获的马铃薯存在一定的休眠期。休眠期短的 45 天左右即可发芽，休眠期长的品种，需 3 个月以上才能发芽。因此播种前必须催芽。催芽方法是：对大种薯，先将种薯切块。每个切块保证有 1～2 个芽，重 30g 左右。切块时应从脐部开始，按芽眼顺序螺旋向顶部斜切，最后再把顶部切成两块。切块时，要剔除病薯。切块用具要严格消毒，特别是切刀，每切一薯都要消毒，以防病菌传染。切后与湿润沙土分层相间放置，厚约 3～4 层，并保持在温度 20℃ 左右和经常湿润的状态下，这样种薯约经 10 天即可发芽。小种薯不需要切块，直接处理就行。

4. 及时播种

播种前选择具有该品种特征，表皮光鲜，大小适中，无病虫害，无伤冻的块茎作种薯。

马铃薯性喜冷凉，长江流域春马铃薯在立春前后播种，2 月下旬至 3 月上旬出苗，避开了霜冻对幼苗的损害。春提早栽培时，采用地膜覆盖措施。霜冻来临之前加盖稻草，保温过冬。秋马铃薯 9 月上中旬播种。厢宽 1m 包沟，双行种植。一般播种深度 10～12cm。种植密度为早熟品种每 667m² 播种 5500 株，中熟品种 5500 株，用种 250kg 左右。穴播。播种时保护好幼芽。秋播后浇透种植穴，但下部沙土不能有积水，否则块茎易腐烂。播种后可用浓度为 0.1%～0.2% 的高锰酸钾液喷雾消毒。用草木灰盖种，然后再盖上 1cm 的松土，保证芽尖不外露。

5. 加强田间培管

马铃薯生长期间对水的需求可以概括为少—多—少。即萌芽出苗时，需水量相对较少；现蕾开花阶段，需水量激增，要求保持土壤水分为田间持水量的 80%；盛花期后，结薯层内保持田间持水量的 60%～65% 即可；块茎成熟时要避免水分过多。

出苗前进行松土，以利出苗。齐苗后，及早进行第 1 次中耕，深度 8～10cm，除去杂草。10 天后，第 2 次中耕，宜稍浅。现蕾时，第 3 次中耕，较上一次更浅，并疏通畦沟，及时排涝。同时进行培土，避免薯块外露，降低品质。

秋马铃薯生长过程中，温度高，土层干燥，实行行间覆盖稻草等，能保持湿润和降低土温，促进结薯，实现稳产高产。出苗后用少量氮肥或稀薄粪水追施芽苗肥，现蕾期结合培土追施 1 次结薯肥，以钾肥为主，配合氮肥施用。每 667m² 施尿素 15kg、氯化钾 10kg。开花后，一般不再追肥，但若后期有早衰脱肥现象，则可在叶面喷施磷、钾肥等。

四、稻田免耕全程覆盖种植技术

稻田免耕全程覆盖种植马铃薯技术是近几年兴起的一种马铃薯无公害栽培新技术。这项技术被形象地概括为"摆一摆、盖一盖、拣一拣"9 个字，即在晚稻收获后稻田免耕，按每厢 1.5～2.0m 宽、种 4～5 行马铃薯的距离开沟。沟泥翻入地面，打碎铺平。按行距 30～40cm、株距 25cm 放种薯，然后用草木灰盖种。在厢面每 667m² 撒施复合肥 30～40kg，再覆盖 8～10cm 厚的稻草。遇天旱时浇湿稻草。收获时由于马铃薯都长在土面上，按开稻草即可拣薯。这项技术不仅省时、省工、高效、环保，而且简单易懂，在生产上具有很大的推广价值。其技术要点为：

1. 种薯准备

选用适合的早熟品种，如东农 303、川芋早、中薯 8 号、大西洋、克新 4 号、郑薯 6 号等。播种前进行催芽处理，以带 1cm 左右长度的壮芽播种为好。一般选用 30g 左右小种薯整薯播种。大种薯应切块，每个切块至少要有 1 个健壮的芽，切口距芽 1cm 以上，切块形状以四面体为佳，避免切成薄片。切块可用 50% 多菌灵可湿性粉剂 500 倍液浸种，稍晾干后拌草木灰，隔日即可播种。

2. 选地整地

选择环境及土壤均符合无公害蔬菜生产基地国家标准的稻田，免耕，只需开挖排灌沟，沟宽 15cm，深 15cm，畦宽 1.5~2.0m。挖出的土放在畦面，整地时使畦面微呈弓背形，防积水。一般的小草和稻谷苋并不影响种植，有大草可踩倒或锄去，但千万不能使用除草剂。

3. 按时播种

春马铃薯元月中下旬播种，5 月份收获；秋马铃薯于 9 月 10 日前播种，霜降前后收获。每畦播 4~5 行，行距 30~40cm，株距 25cm。将种薯芽眼向上摆好，然后均匀地盖上 8~10cm 厚的稻草。根据相关资料报道，稻草不能过厚，不然的话，不仅会造成出苗迟缓，而且使茎基细长软弱；稻草过薄，容易漏光而使绿薯率上升；如果稻草厚薄不均，出苗不齐的情况将会明显加重。整齐摆放的稻草容易出苗，相反，如果稻草交错缠绕，有时会有"卡苗"现象。因此，在铺稻草时应均匀地平铺在整个畦面，不能留有空隙。

4. 田间管理

一次施足基肥。以腐熟的厩肥作基肥，每 $667m^2$ 用腐熟猪栏粪 2500kg、钙镁磷肥 20kg、草木灰 150kg。拌火土灰、煤灰或草木灰，在播种时直接放在种薯上。使用化肥以颗粒型复合肥为佳，将肥料放在两株种薯的中间，也可放在种薯旁边，但需保持 5cm 以上的距离，以防烂种。

自然降水基本能满足马铃薯生长对水分的需求，一般情况下，可以不浇水。如果使用新稻草，则需要在排灌沟适时适量灌水。水层宜浅，以不使稻草漂移为度，并及时排出积水。秋季播种时，气温偏高，特别要注意及时灌溉，保证苗齐苗壮。遇到连续阴雨天气要注意排渍防涝。

第四节　病虫害无公害防治技术

马铃薯稻田免耕全程覆盖栽培中，稻草能抑制杂草生长，因此一般病虫害危害小，基本上可以做到不使用农药。在其他生产方式中，比较容易发生的病害主要有病毒病、晚疫病、环腐病、青枯病等，虫害主要有蚜虫、地老虎等。

一、马铃薯晚疫病

1. 症状

此病可侵染叶片、茎蔓和薯块。叶片染病，多从中下部叶开始，先在叶尖或顺缘出现水渍状绿褐色小斑点，周围具有较宽的灰绿色晕环。湿度大时病斑迅速扩展成黄褐至暗褐色大斑，边缘灰绿色，界限不明显，常在病健交界处产生一圈稀疏白霉，雨后或清晨尤为明显。空气干燥，病斑变褐、干枯、破裂或卷缩。茎秆和叶柄染病，多形成不规则褐色条斑，严重时致叶片萎缩卷曲，终致全株黑腐。薯块染病，初生浅褐色斑，以后变成不规则褐色至紫褐色病斑，稍凹陷，边缘不明显，病部皮下薯肉呈浅褐色至暗褐色，终致薯块腐烂。

2. 发病条件和传播途径

日暖夜凉、空气潮湿、多雨、多雾，日平均气温在 10℃～22℃有利于病害发生。病菌主要以菌丝体在薯块中越冬。播种带菌薯块，发芽出土后成为中心病株，病部产生孢子囊。孢子囊借气流传播进行再侵染，形成发病中心。病菌孢子囊还可随雨水或浇水时渗入土中侵染薯块，产生病薯，使其作为下一季的主要侵染源。

3. 防治技术

选用脱毒种薯或抗病的优良品种。如大西洋、克新 2 号。

进行种薯处理。严格挑选无病种薯作种薯，选用 72％百菌清可湿性粉剂 600 倍液或 80％大生可湿性粉剂 800 倍液浸泡 10～15 分钟后，晾干播种。

加强管理。选择土质疏松、排水良好的地块种植；中耕后培土；避免偏施氮肥和雨后田间积水；发现中心病株，及时清除。

药剂防治。发病初期选用 25％瑞毒霉可湿性粉剂 800 倍液，或 72％百菌清 600 倍液喷雾防治，或用 58％的雷多米尔·锰锌或 58％甲霜灵·锰锌兑水 500 倍液喷施。

二、青枯病

青枯病是由一种细菌性病菌引起植株整株枯萎而死亡，俗称切果类蔬菜的癌症。其主要症状：植株发病时出现 1 个主茎或 1 个分枝突然萎蔫青枯，其他茎叶暂时无症状，但不久就会枯死。病菌沿维管束侵入各个茎内，先入侵的先死亡，后入侵的后死亡，最后全株死亡。切开的维管束可以看到从脐部到维管束环变色症状，发病后期，用手指挤压，会出现黏稠的菌脓。

1. 传播途径和发病条件

青枯病主要通过带病块茎、寄生植物和土壤传播。播种时有病块茎可通过切刀将病菌传给健康块茎。在生长过程中，病薯通过根系传播病菌。中耕、浇水时通过流水、农具等传播。种薯传播是最主要的途径。

病菌在田间土温14℃、日平均气温20℃以上时，植株就会发病。高温高湿会加速病菌的繁殖、传播。

2. 防治方法

①选用抗病品种和脱毒种薯。②采用整薯播种。③严格实行轮作。④搞好田园清洁，加强田间管理。⑤早期喷施农用链霉素、青枯灵或可杀得2000＋金云大－120稀释800倍液进行灌根或用农用链霉素＋金云大-120灌根进行预防。

三、马铃薯环腐病

1. 症状

此病是维管束病害，全株侵染。一般病薯外观症状不明显，纵切薯块可见自基部开始维管束变色，重时变色部分可达一圈，可破坏维管束周围的薄壁细胞组织，使皮层与髓部部分或全部分离，形成菌核。生长期地上部常表现为枯斑或萎蔫。随病情发展，病株根、茎、蔓、维管束逐渐变褐，新鲜病蔓有时会溢出菌液。

2. 发病条件和传播途径

病菌生长温度为2℃～36℃，适宜温度为20℃～23℃，地温19℃～28℃有利于病害发展。病菌随种薯越冬，也可随病残体在土面越冬。未曾消毒的切刀是病害的重要传播媒介。病菌在田间通过伤口侵入，借助雨水或浇水时传播蔓延。远距离传播主要通过种薯调运。

3. 防治技术

①实行无病田留种，采用整薯播种。②严格选种。播种前进行室内晾种和分层检查，彻底淘汰病薯。切块种植，切刀可用53.7%可杀得2000干悬浮剂400倍液浸洗灭菌。切后的薯块用新植霉素5000倍液＋金云大-120稀释500倍液或47%加瑞农粉剂500倍液＋金云大-120稀释500倍液浸泡30分钟。③加强田间管理。结合中耕培土，及时拔出病株，带出田外集中处理。使用过磷酸钙每667m²25kg，穴施或按重量的5%播种，有较好的防治效果。④严禁从疫区调种。

四、蚜虫

用蚜虱净或大功臣1500倍液喷杀。

五、地老虎

用5%抑太保乳油2500倍液或40.7%毒死蜱乳油100～150mL加水40～75kg喷洒地面。

第五节　采　收

根据马铃薯的用途来决定采收适期。若提早上市，鲜食马铃薯在下部茎叶变黄绿色时即可采收。一般情况下，当大部分叶、茎秆由黄绿色转变为黄色，薯块发硬，周皮坚韧，连接块茎的匍匐茎已干枯且容易脱落，切开时伤口分泌少量汁液且很容易干燥时，食用马铃薯即可采收。加工用薯应适当晚收。秋马铃薯当霜冻来临茎叶枯死后，要及时抢收，否则块茎容易冻坏，采收后将其贮藏在温度较高的干燥处。

采收应在晴天进行。采收时尽量不要碰伤薯块。稻草覆盖栽培拨开稻草即可拣收，少数生长在裂缝或孔隙中的薯块就用采挖的方法。如果劳力许可，还可以分期分批采收，即将稻草轻轻拨开，采收大的薯块，再将稻草盖好，让小薯块继续生长，这样，既能选择最佳薯形，同时又能有较高的产量，提高总体经济效益。

参考文献

[1] 李宝栋，林柏青．辣椒茄子病虫害防治新技术[M]．北京：金盾出版社，1995.

[2] 范双喜．现代蔬菜生产技术全书[M]．北京：中国农业出版社，2004.

[3] 王久兴，朱中华．蔬菜病虫害防治图谱（二）茄果类病害[M]．北京：中国农业大学出版社，2002.

[4] 冯辉．蔬菜优良品种与使用[M]．北京：中国农业出版社，1997.

[5] 李克勤．湖南粮油作物产业化开发技术[M]．长沙：湖南科学技术出版社，2002.

[6] 吴锦铸．蔬菜加工[M]．广州：广东科技出版社，2002.

[7] 陈应山，陈慧．茄子辣椒番茄栽培关键技术问答[M]．北京：中国农业出版社，1998.

[8] 高中强，丁习武．茄果类蔬菜栽培与贮藏加工新技术[M]．北京：中国农业出版社，2005.

[9] 陶正平，潘洪玉．绿色食品蔬菜发展技术指南[M]．北京：中国农业出版社，2003.

[10] 吴慧杰，张建．茄子无公害生产技术[M]．北京：中国农业出版社，2003.

[11] 程天庆．马铃薯栽培技术（第二版）[M]．北京：金盾出版社，2004.

　　[12] 徐和金．番茄优质高产栽培法（第二次修订版）[M]．北京：金盾出版社，2005.

　　[13] 刘富中．茄子无公害高效栽培 [M]．北京：金盾出版社，2003.

读者笔记